普通高等学校创新创业教育"十三五"规划教材

虚拟现实技术
与创新创业训练

XUNI XIANSHI JISHU
YU CHUANGXIN CHUANGYE XUNLIAN

林丽芝　许发见◎编著

中国铁道出版社有限公司
CHINA RAILWAY PUBLISHING HOUSE CO., LTD.

内 容 简 介

本书是在"2018 年福建省教育厅关于开展福建省高校创新创业课程校本教材课题研究项目"指导和资助下完成的。在研究虚拟现实及其应用技术的基础上，以虚拟现实技术为支撑，引导大学生进行创新创业，这样的创新创业更具有针对性和可操作性。本书内容主要包括虚拟现实引领创新思维变革，虚拟现实技术应用的创新点和创意设计，虚拟现实带来的创新创业新形势，虚拟现实创新创业实践，虚拟现实创新创业大赛及企业孵化，虚拟现实训练体验案例。

把虚拟现实的技术和应用与创新创业相结合，有利于培养学生创新创业意识和实践能力。在指导创新创业的同时，也学习了虚拟现实的技术，紧跟信息技术发展的步伐。本书适合作为普通高等学校创新创业课程及虚拟现实技术的课程教材。

图书在版编目（CIP）数据

虚拟现实技术与创新创业训练/林丽芝，许发见编著.—北京：
中国铁道出版社有限公司,2020.6
普通高等学校创新创业教育"十三五"规划教材
ISBN 978-7-113-26582-3

Ⅰ.①虚… Ⅱ.①林… ②许… Ⅲ.①虚拟现实-高等学校-教材 Ⅳ.①TP391.98

中国版本图书馆 CIP 数据核字（2020）第 072708 号

书　　名：虚拟现实技术与创新创业训练
作　　者：林丽芝　许发见

策　　划：汪　敏　　　　　　　　　　编辑部电话：（010）51873628
责任编辑：汪　敏　卢　笛
封面设计：崔丽芳
封面制作：刘　颖
责任校对：张玉华
责任印制：樊启鹏

出版发行：中国铁道出版社有限公司（100054，北京市西城区右安门西街 8 号）
网　　址：http://www.tdpress.com/51eds/
印　　刷：河北省三河市燕山印刷有限公司
版　　次：2020 年 6 月第 1 版　2020 年 6 月第 1 次印刷
开　　本：787 mm×1092 mm　1/16　印张：12　字数：277 千
书　　号：ISBN 978-7-113-26582-3
定　　价：33.00 元

前　言

　　科技创新是原创性科学研究和技术创新的总称，是指创造和应用新知识、新技术和新工艺，采用新的生产方式和经营管理模式，开发新产品，提高产品质量，提供新服务的过程。科技创新可以被分成三种类型：知识创新、技术创新和现代科技引领的管理创新。

　　"互联网+"在人们生活中早已不是什么新鲜事，只要有过网上购物的经历，就会感受到"互联网+"给人们生活带来的便利，也提升了人们的生活水平。但虚拟现实这项颠覆性技术的出现，又将彻底改变人们现在的生产和生活。

一、虚拟现实为人们现实生活带来更多的可能性和多样性

　　虚拟现实（Virtual Reality, VR）是一项综合集成技术，涉及计算机图形学、人机交互技术、传感技术、人工智能等领域，它用计算机生成逼真的三维视、听、触、嗅觉等感觉，使人作为参与者通过适当装置，自然地对虚拟世界进行体验和交互作用。虚拟现实主要有三方面的含义：第一，虚拟现实是借助于计算机生成逼真的实体，"实体"是对于人的感觉（视、听、触、嗅）而言的；第二，用户可以通过人的自然技能与这个环境交互，自然技能是指人的头部转动、眼动、手势等其他人体的动作；第三，虚拟现实往往要借助于一些三维设备和传感设备来完成交互操作。近年来，虚拟现实已逐渐从实验室的研究项目走向实际应用，在军事、航天、建筑设计、旅游、医疗和文化娱乐及教育方面得到不少应用。在国内，有关虚拟现实的项目已经列入计划，虚拟现实的研究和应用正在全面展开。

　　中国工程院院士赵沁平教授认为，虚拟现实是一项可能的颠覆性技术，与"互联网+"一样，"虚拟现实+"已成为发展趋势，产业前景无限，虚拟现实技术将成为未来国际竞争和区域城市竞争力的重要因素。目前，我国在虚拟现实的理论研究和内容开发等方面，已经具备了一定的国际竞争能力，有可能在虚拟现实的某些方面成为领跑者，走出我国自己发展虚拟现实产业的路子。

　　虚拟现实对未来的影响主要体现在新的计算平台、行业发展的新信息

技术平台、互联网未来的入口与交互环境、未来媒体、新发展思维、新技术途径，人所感知的世界将成为真实和虚拟两个世界，或者虚实结合的新世界。经过三十多年的发展，虚拟现实在军事、航空航天、装备制造、智慧城市、医疗、教育、文物保护等许多行业取得令人瞩目的应用成果，成为行业发展的新的信息技术平台。虚拟现实也进入大众生活，让家装布局、文化娱乐可以再现和模拟现场场景，在电子商务、网络社交方面也逐渐得到应用。

虚拟现实技术研究和"虚拟现实+"应用系统研发，会形成一批创新产品，诸如有知识产权的硬件设备、虚拟现实芯片与核心器件、有知识产权或我国主导的开源平台软件与研发工具软件。随着虚拟现实的发展，也会形成三类新型产业，即行业类虚拟现实产业、大众消费类虚拟现实产业、专业化虚拟现实产业，形成虚拟现实产业链全景图。

虚拟现实利用特有的用户感知技术，以其跟随式视角、高沉浸感体验而备受关注；再把多屏互动与可穿戴式虚拟现实设备相结合，让"屏幕"成为个性化消费品；虚拟现实依靠底层开发系统，可提供整套虚拟现实线下体验馆解决方案和相关行业应用；还可以将虚拟现实、增强现实、全体感人机互动等高科技技术结合科技娱乐馆的形式引入商业地产；另外虚拟现实服务于影视动画创意及快速制作、新媒体广告、展览展示、商业地产、亲子互动、移动互联网等领域；虚拟现实领域的内容平台、硬件终端、线下体验店、IP 内容、产业联盟和产业基金，形成虚拟现实产业链的完整闭环。

从商业形式上看，虚拟现实将游戏和视频相结合，虚拟现实设备作为消费电子产品的应用位居主要地位。此外，虚拟现实技术作为信息技术具有的较强行业渗透特性，其应用开发主要集中在几十种行业和应用领域，例如"虚拟现实+"出行、"虚拟现实+"房地产、"虚拟现实+"购物、"虚拟现实+"社交、"虚拟现实+"教育、"虚拟现实+"公共安全、"虚拟现实+"买前试"吃"、"虚拟现实+"婚礼服务等。总之每个行业都将被互联网化，同样的"虚拟现实+""人工智能+"，也将成为未来行业转型升级的技术新引擎。

一般认为，虚拟现实产业要可持续发展，需要持续的关键技术突破与科技创新支撑，强大的各类虚拟现实人才支撑，不衰的市场需求拉动。而虚拟现实技术可能的颠覆性，以及对未来人类社会的影响，决定了其发展的必然。我国已有一定虚拟现实技术支持和可转化成果积累、潜在消费市场巨大、企业热情高、政府开始重视等有利因素让虚拟现实技术的发展前景一片光明。

中共中央、国务院印发的《国家创新驱动发展战略纲要》指出，要发展下一代信息网络技术，增强经济社会发展的信息化基础，加强类人智能、自然交互与虚拟现实，中央政府对虚拟现实产业做出的新布局，推动了各地政府纷纷出台虚拟现实产业的布局和政策，力争在未来的市场竞争中占据有利地位。

二、虚拟现实也在悄悄地改变人们的精神世界

另一方面面对快速发展的虚拟实境技术以及人工智能，越来越多的科学家开始思考未来人类是否可能创建一个虚拟世界并在虚拟世界中生活。不管这个命题是否正确，不可置疑的是虚拟现实也正在悄悄地改变人类的精神世界。如果人类的意识仅仅是人脑复杂结构的产物，在理论上，人类意识完全可以被创造。来自美国航空航天局 NASA 的研究员 Rich Terrile 对人类生活在由未来人创造的计算机模拟程序中深信不疑。他认为在不久的未来，所有机器都将拥有自己的意识。同时，未来的量子计算机能够创造出等同于"现实"的游戏环境，并赋予游戏人物自身意识。

科学家们坚信，如果按照目前科技发展速度与方向进行下去，不久就会有超过人类数量的人工智能存于世上。完全有可能，真实人类数量逐渐减少，或者，我们本身就是人工智能的一部分。此外，另一科学理论支撑着虚拟世界论，那便是我们的世界完全是以数据的方式构成，所有物质最终可分解成次原子粒子，就像游戏世界最终可被分解为一个个像素。如果宇宙一切都可以被计算，就完全可以被模拟，这一理论存在一些荒诞的部分，的确有一些物理学难题无法从这一理论中得到解释。但是麻省理工学院的物理学教授 Max Tegmark 认为，逻辑上，人类可能生活在虚拟世界中，但也可能并非如此。如需对这一假设进行进一步论证，必须先发现创造虚拟世界的"另一个世界"的自然基本定律。

不管怎样，虚拟现实都在现实物质和思想精神两方面影响和改变着人们的生活，不断地把虚拟的未来变成真实的现实。

为什么虚拟现实对人们的生活产生如此巨大的作用呢？可以从它的发展过程中找到答案。

三、总结

电影《黑客帝国》中有一句台词："你所触摸到的、听到的、看到的，只不过是一些神经元经过刺激传输到大脑里，然后形成你所认为真实的信

号而已。"所以，只要能把这些人所能感受的触觉通过特殊的传感器有效转换成信号，就能在虚拟的世界中体验出真实的"世界"。虚拟现实技术在社会各领域开辟了一个富有发展潜力的新空间，它将会随着时间的推移日臻完善，在现实生活中的应用将会越来越广泛，发挥的作用也将会越来越大。

编　者
2020 年 3 月

目　录

第①章

虚拟现实引领创新思维变革

虚拟现实的概念是由美国 VPL 公司创建人拉尼尔（Jaron Lanier）在 20 世纪 80 年代初提出的。其具体内涵是：综合利用计算机图形系统和各种现实及控制等接口设备，在计算机上生成的、可交互的三维环境中提供沉浸感觉的技术。其中，计算机生成的、可交互的三维环境称为虚拟环境（Virtual Environment，VE）。虚拟现实技术是一种可以创建和体验虚拟世界的计算机仿真系统。它利用计算机生成一种模拟环境，利用多源信息融合的交互式三维动态视景和实体行为的系统仿真使用户沉浸到该环境中。

1.1 虚拟现实技术的特点及应用

以下从技术特点、组成和分类等方面来认识虚拟现实，并且介绍常用的虚拟现实的软件、硬件和优缺点。

1.1.1 虚拟现实技术的特点

1. 多感知性（Multi-Sensory）

所谓多感知是指除了一般计算机技术所具有的视觉感知之外，还有听觉感知、力觉感知、触觉感知、运动感知，甚至包括味觉感知、嗅觉感知等。理想的虚拟现实技术应该具有一切人所具有的感知功能。由于相关技术，特别是传感技术的限制，虚拟现实技术所具有的感知功能仅限于视觉、听觉、力觉、触觉、运动等几种。

2. 浸没感（Immersion）

浸没感又称临场感，指用户感到作为主角存在于模拟环境中的真实程度。理想的模拟环境应该使用户难以分辨真假，使用户全身心地投入计算机创建的三维虚拟环境中，该环境中的一切看上去是真的，听上去是真的，动起来是真的，甚至闻起来、尝起来等一切感觉都是真的，如同在现实世界中的感觉一样。

3. 交互性（Interactivity）

交互性指用户对模拟环境内物体的可操作程度和从环境得到反馈的自然程度（包括实时性）。例如，用户可以用手去直接抓取模拟环境中虚拟的物体，这时手有握着东西的感觉，并可以感觉物体的质量，视野中被抓的物体也能立刻随着手的移动而移动。

4. 构想性（Imagination）

构想性强调虚拟现实技术应具有广阔的可想象空间，可拓宽人类认知范围，不仅可再现真实存在的环境，也可以随意构想客观不存在的甚至是不可能发生的环境。由于浸没感、交互性和构想性三个特性的英文单词的首字母均为 I，所以这三个特性通常被统称为 3I 特性。一般来说，一个完整的虚拟现实系统由虚拟环境、以高性能计算机为核心的虚拟环境处理器，以头盔显示器为核心的视觉系统，以语音识别、声音合成与声音定位为核心的听觉系统，以方位跟踪器、数据手套和数据衣为主体的身体方位姿态跟踪设备，以及味觉、嗅觉、触觉与力觉反馈系统等功能单元构成。

1.1.2 虚拟现实技术组成和分类

1. 虚拟现实技术组成

（1）效果发生器。效果发生器是完成人与虚拟环境交互的硬件接口装置，包括人们产生现实沉浸感受到的各类输出装置，如头盔显示器、立体声耳机；还包括能测定视线方向和手指动作的输入装置，如头部方位探测器和数据手套等。

（2）实景仿真器。实景仿真器是虚拟现实系统的核心部分，它实际上是计算机软硬件系统，包括软件开发工具及配套硬件，其任务是接收和发送效果发生器产生或接收的信号。

（3）应用系统。应用系统是面向不同虚拟过程的软件部分，它描述虚拟的具体内容，包括仿真动态逻辑、结构，以及仿真对象内部或者仿真对象与用户之间的交互关系。

（4）几何构造系统。它提供描述仿真对象物理属性，如形状、外观、颜色、位置等信息，应用系统在生成虚拟世界时，需要这些信息。

2. 虚拟现实技术的分类

虚拟现实是多种技术的综合，其关键技术和研究内容包括以下几方面：

（1）环境建模技术。即虚拟环境的建立，目的是获取实际三维环境的三维数据，并根据应用的需要，利用获取的三维数据建立相应的虚拟环境模型。

（2）立体声合成和立体显示技术。在虚拟现实系统中消除声音的方向与用户头部运动的相关性，同时在复杂的场景中实时生成立体图形。

（3）触觉反馈技术。在虚拟现实系统中让用户能够直接操作虚拟物体并感受到虚拟物体的反作用力，从而产生身临其境的感觉。

（4）交互技术。虚拟现实中的人机交互远远超出了键盘和鼠标的传统模式，利用数字头盔、数字手套等复杂的传感器设备，三维交互技术与语音识别、语音输入技术成为重要的人机交互手段。

（5）系统集成技术。由于虚拟现实系统中包括大量的感知信息和模型，因此系统的集成技术为重中之重，包括信息同步技术、模型标定技术、**数据转换技术**、识别和合成技术等。

1.1.3　虚拟现实系统中硬件设备

硬件由三部分组成：输入设备、输出设备、虚拟世界生成设备。

1. 输入设备

（1）基于自然的交互设备，用于对虚拟世界信息的输入（如数据手套、数据衣、三维控制器、三维扫描仪等）。

（2）三维定位跟踪设备，用于对输入设备在三维空间中的位置进行判断，并送入虚拟现实系统中。

2. 输出设备

感知设备将虚拟世界中各种感知信号转变为人所能接受的多通道刺激信号。

（1）视觉感知设备。

（2）听觉感知设备。

（3）触觉（力觉）感知设备。

3. 虚拟世界生成设备

现有的虚拟现实系统主要考虑视觉通道，因此对虚拟现实生成设备提出了以下要求，主要是对帧频和延迟时间的要求，要能够确保使用者感觉不到与现实的差异和延时。另外，在计算能力和场景复杂性方面也有要求，要有足够快的速度对复杂情况作出响应和处理。

1.1.4　虚拟现实的软件

Cult3D 与其他软件兼容性不好，功能不强大，可以做一些小型产品展示，如果是专业领域不推荐使用。

VirTools 是功能非常强大的游戏和虚拟现实开发工具，是一套整合软件，可以将现有常用的档案格式整合在一起，如 3D 模型、2D 图形或音效等。VirTools 是一套具备丰富的互动行为模块的实时 3D 环境虚拟实境编辑软件，可以制作出许多不同用途的 3D 产品，如网际网络、计算机游戏、多媒体、建筑设计、交互式电视、教育训练、仿真与产品展示等。

虚拟现实–Platform 三维互动仿真平台，目标是：低成本、高性能，让虚拟现实从高端走向低端，从神坛走向平民。

Quest3D 是一款极为优秀的虚拟现实制作工具，是一个容易且有效的实时 3D 建构工具。比起其他的可视化建构工具，如网页、动画、图形编辑工具来说，Quest3D 能在实时编辑环境中与对象互动。Quest3D 提供了一个建构实时 3D 的标准方案，能使用户轻松地创建强大而绚丽的图形应用程序。

EON Studio 主要应用在电子商务、营销、数字学习、教育训练与建筑空间等领域。研发步骤包括输入 3D 对象，通常这些对象由 3D 绘图软件完成，如 3ds Max、Lightwave 等；或者由 CAD 应用软件制作，如 ArchiCAD、Pro/ENGINEER、AutoCAD 等。输入模型后，就可以通过 EON 视觉图形化程序接口、Scripting 或 C++ 程序代码称为模型加上动作。

Converse3D 包括场景节点管理、资源管理、角色动画、Mesh 物体生成、3ds Max 数据导出模块、粒子系统、LOD 地形、用户界面（GUI）、服务器等模块。各模块之间结合紧凑，使整个引擎性能高效而稳定。

WireFusion 专业实时 Web3D 软件，无须 Java Applets，是非常专业的 3D 交互、动画、虚拟世界的制作工具。不管用户是要制作交互式的产品展示还是虚拟世界漫游，WireFusion 应是用户所希望的创作工具。WireFusion 是一个拖放式的可视化编程工具，它不需要用户编写任何代码，就可以设计出先进的、交互式动态 Web3D 网页。

1.1.5 虚拟现实、增强现实、混合现实的差别和应用

1. 虚拟现实系统的分类

虚拟现实系统的分类根据虚拟现实所倾向的特征的不同，可分为四种：桌面式、沉浸式、增强式和网络分布式虚拟现实系统。

（1）桌面式虚拟现实系统。利用 PC 或中、低档工作站作为虚拟环境产生器，计算机屏幕或单投影墙是参与者观察虚拟环境的窗口，由于受到周围真实环境的干扰，它的沉浸感较差，但是成本相对较低，仍然比较普及。

（2）沉浸式虚拟现实系统。利用头盔显示器、洞穴式显示设备和数据手套等交互设备把用户的视觉、听觉和其他感觉封闭起来，而使用户真正成为虚拟现实系统内部的一个参与者，产生一种身临其境、全心投入并沉浸其中的体验。与桌面式虚拟现实系统相比，沉浸式虚拟现实系统的主要特点在于高度的实时性和沉浸感。

（3）增强式虚拟现实系统。允许用户对现实世界进行观察的同时，将虚拟图像叠加在真实物理对象之上。为用户提供与所看到的真实环境有关的、存储在计算机中的信息，从而增强用户对真实环境的感受，又被称为叠加式或补充现实式虚拟现实系统。该系统主要依赖于虚拟现实位置跟踪技术，以达到精确的重叠，也可以使用光学技术或视频技术实现。

（4）分布式虚拟现实系统。指基于网络构建的虚拟环境，将位于不同物理位置的多个用户或多个虚拟环境通过网络相连接并共享信息，从而使用户的协同工作达到更高的境界。主要应用于远程虚拟会议、虚拟医学会诊、多人网络游戏、虚拟战争演习等领域。

2. 虚拟现实、增强现实、混合现实的区别

1）增强现实

增强现实（Augmented Reality，AR）是将虚拟信息加到真实环境中，来增强真实环境。那么，增强虚拟（Augmented Virtuality，AV）的原理是什么？其实它是将真实环境中的特性加到虚拟环境中。举个例子，手机中的赛车游戏与射击游戏，通过重力感应来调整方向和方位，就是通过重力传感器、陀螺仪等设备将真实世界中的"重力""磁力"等特性加到虚拟世界中。

相对于虚拟现实来说，增强现实就是增强了现实元素，可以简单地理解为增强现实是将虚拟信息显示在真实世界，也就是将真实环境和虚拟信息或者物体展现在同一个画面里。比如在科技馆中可以看到通过增强现实技术将新闻、视频、天气投射到真实的模型中，进而与参观者实现更好的互动。增强现实还可以辅助 3D 建模、模拟游戏等。

增强现实的特点：真实世界和虚拟的信息集成，具有实时交互性，是在三维尺度空

间中增添定位虚拟物体。

2）混合现实

混合现实（Mixed Reality，MR）包括增强现实和增强虚拟，指的是合并现实和虚拟世界而产生的新的可视化环境。在新的可视化环境里物理和数字对象共存，并实时互动。混合现实是在虚拟现实和增强现实兴起的基础上提出的一项概念，可以把它视为增强现实的增强版。MR 技术主要向可穿戴设备方向发展，其代表为 Magic Leap 公司，该公司研究的可穿戴硬件设备可以给用户展示融合现实世界场景的全息影像。公司创始人将其描述为一款小巧的独立计算机，人们在公共场合使用也可以很舒服。此外，它还涉及视网膜投影技术。

MR 可以看成是前面提到的虚拟现实和增强现实的结合，将虚拟现实和增强现实完美地结合起来，提供一个新的可视化环境。在增强现实中，人们能很容易地分清楚哪些是真的，哪是虚拟的，但在 MR 可视化环境中，物理实体和数字对象形成类似于全息影像的效果，可以与人进行一些互动，虚实融合在一起，让人有时根本分不清真假。

3）增强现实和 MR 的区分

从两者的定义来说，增强现实往往被看作是 MR 的其中一种形式，因此在当今业界，很多时候为了描述方便或者其他原因，就将增强现实当作 MR 的代名词，用增强现实代替 MR。

从广义概念来讲，增强现实和 MR 并没有明显的分界线，未来也很可能不再区分增强现实与 MR，MR 更多也只是在概念上的亮点。

为了更好理解，可以通俗地解释如下，有两个主要的不同点。

第一，虚拟物体的相对位置，是否随设备的移动而移动。如果是，就是增强现实设备；如果不是，就是 MR 设备。

举例说明，用户戴上 Google Glass，它在用户的左前方投射出一个"天气面板"，不管用户怎样在屋子中走动，或者转动头部，天气面板一直都在用户的左前方，它与用户（或者 Google Glass）的相对位置是不变的，用户走到哪，就把它带到哪。

而 Hololens 也会在屋子墙壁上投射出一个天气面板，但是不同之处在于，不管用户怎样在屋子中走动，或者转动头部，天气面板始终都在那面墙上，它不会因人的移动而移动（这里主要涉及空间感知定位技术——SLAM，即时定位与地图构建为其中最主要的技术之一，作用是让设备实时地获取周围的环境信息，才能精确地将虚拟物体放在正确的位置，无论用户的位置怎么变动，虚拟物体的位置都可以固定在房间中的同一个位置）。

第二，在理想状态下（数字光场没有信息损失），虚拟物体与真实物体是否能被区分。

增强现实设备创造的虚拟物体，是可以明显看出是虚拟的，比如 FaceU 在用户脸上打出的虚拟物品、Google Glass 投射出的随用户而动的虚拟信息。而 Magic Leap 是让用户看到的虚拟物体和真实物体几乎是无法区分的。

当然，"增强现实设备"与"MR 设备"的界限不是绝对的（甚至说这种界限是企业自己定义的），这里把它们分为这两类，主要是让大家明白他们所应用的技术和达到的效果是有所区别的。增强现实设备未来也会使用 SLAM、数字光场以及视网膜投射等技术

（如 Google 的 Project Tango 等），这时增强现实也就演化为 MR 了。

当然，MR 也是需要头戴式显示设备的。除了在大家熟知的游戏领域，虚拟现实、增强现实、MR 还在教育培训、艺术展示等方面广泛应用。随着技术的进一步发展，必将更多地融入人们的现实生活，或许将来可以在手机上实现，成为未来生活不可或缺的随身工具。

综上所述，虚拟现实是虚拟的，假的；增强现实是虚拟与现实结合，真真假假、真假难辨；而 MR 则是增强现实的增强版，与增强现实没有明显的区分，也是真真假假结合在一起。与虚拟现实和增强现实相比，MR 的概念兴起较晚，发展也较为缓慢。

1.2 虚拟现实技术的应用现状和发展趋势

1.2.1 虚拟现实技术演变历程

虚拟现实实际上是一种可创建和体验虚拟世界（Virtual World）的计算机系统。它是由美国 VPL 公司创建人拉尼尔（Jaron Lanier）在 20 世纪 80 年代初提出的。其具体内涵是：综合利用计算机图形系统和各种现实及控制等接口设备，在计算机上生成的、可交互的三维环境中提供沉浸感觉的技术。其中，计算机生成的、可交互的三维环境称为虚拟环境。

2014 年 3 月 26 日，美国社交网络平台 Facebook 宣布，斥资 20 亿美元收购沉浸式虚拟现实技术公司 Oculus VR。Facebook 首席执行官 Mark Zuckerberg 坚信虚拟现实将成为继智能手机和平板电脑等移动设备之后，计算平台的又一大事件。Facebook 将 Oculus 的应用拓展到游戏以外的业务，在此之前，Oculus 主要用于为人们在游戏过程中创造身临其境的感觉。Facebook 收购 Oculus，使得虚拟现实这个科技行业小众的名词开始为更多非专业的人们所熟悉。业内人士称，虚拟现实时隔 7 年多，又迎来了春天。

2015 年 3 月在 MWC 2015 上，HTC 与曾制作 Portal 和 Half-Life 等独创游戏的 Valve 联合开发的虚拟现实头盔产品 HTC Vive 亮相。HTC Vive 控制器定位系统 Lighthouse 采用的是 Valve 的专利，它不需要借助摄像头，而是靠激光和光敏传感器来确定运动物体的位置，也就是说 HTC Vive 允许用户在一定范围内走动。这是它与另外两大头戴式显示设备 Oculus Rift 和 PS VR 的最大区别。

2016 年后，虚拟现实也已经从当年一种让人不太了解、充满新鲜感的全新技术，发展到一种很多人都习以为常的主流技术。到 2020 年，各种虚拟现实头戴设备纷纷出现又一一消失，主打平价的移动 VR 技术也一度广为流行，而现在独立 VR 设备又开始成为主流。虽然我们不能说虚拟现实最近这四年没有任何进步，但给人的感觉仍然是还在期待一个爆发点，才能真正流行。

IDC 发布了《全球增强与虚拟现实支出指南》，到 2020 年，全球 AR/VR（增强与虚拟现实）市场相关支出规模将达到 188 亿美元，较 2019 年同比增长约 78.5%。其中，中国市场的 AR/VR 技术相关投资将于 2020 年达到 57.6 亿美元，占比超过全球市场份额的 30%，成为支出规模第一的国家，其次是美国 51 亿美元。同时，中国商用领域的 AR/VR 相关投资也将保持增长态势。在预测期内（2018—2023 年），中国 AR/VR 相关支出最高的商用行业依次为零售业、建筑业和流程制造业。至 2020 年，中国市场商用领域的应用场景中，支出规模较大的两项为培训和工业维修。而在消费者领域，支出规模较大的场景为 VR 游戏和 VR 视频。公共部门方面，支出规模较大的场景为 360 度教育视频。

展望 2020 年，比如 Valve 即将推出的《半条命：Alyx》就是一款能够加速推动玩家选择头戴设备的虚拟现实游戏。如果这款游戏成功，那么就给了其他开发者更多的信心，证明在虚拟现实领域其实是值得的尝试。

Oculus Rift 和 HTC Vive 在 2016 年刚刚问世时，就被增强现实，也就是 AR，包括微软《HoloLens》和《Pokemon Go》等游戏抢走了风头。当时间进到 2017 年，Oculus 又推出了一款超越虚拟现实技术的产品。通过这款产品，AR 眼镜也可以屏蔽现实世界，提供类似虚拟现实的沉浸式体验。限制虚拟现实广泛普及的因素不仅是设备成本高、内容数量和质量严重不足，更核心的是技术的易访问性。开发人员必须将足够的计算能力集成到设备上，甚至主流高质量的虚拟现实体验都必须使用 PC。如何顺利运行才是问题的关键。

VR 头戴设备的价格依然非常昂贵，并且额外需要价格同样昂贵的高端硬件提供支持，比如游戏 PC 或 PS4 等。当然，Oculus Quest 的出现给虚拟现实领域带来了一丝希望。作为一款可以独立使用的 VR 头戴设备，它不需要任何额外的硬件支持，由于所有的传感器都采用了内置的形式，因此根本不必担心需要专门的空间用来摆放虚拟现实所需的硬件。人们可以随时拿起它，带到任何开阔的地点使用，进入虚拟现实的梦幻世界中。

虽然 Oculus Quest 是 2019 年令人兴奋的虚拟现实产品（当然售价 1000 美元的 Valve Index 也很酷，但它面向的只有铁杆粉丝），但它看起来更像是 2020 年才会出现的杀手级产品。Oculus Link 还处于测试阶段，而我们可以把 Oculus Quest 当成标准的需要连接 PC 的 VR 头戴设备使用。这也意味着，如果你本身就拥有游戏 PC，那么要做的事情就是插上电源，连接 PC 之后体验高端虚拟现实游戏。另外，Oculus 还在测试手部追踪技术，这为 VR 世界的探索增加了全新的沉浸感。该功能还需要附加的配件与 VR 头戴设备绑定使用。

而 Oculus Quest 拥有的 72Hz 刷新率也远远低于需要连接 PC 的头戴式设备，所以显然对于要求更高的玩家来说，还需要一款视觉效果更顺畅、性能更强大的选择。高端 VR 产品的刷新率都已经做到了 90Hz 以上，PSVR 甚至达到了 120Hz，而中端产品的主流刷新率在 75Hz 左右。人眼对画面刷新速度的感知远远超过 100Hz，手对延迟的感知低于 50ms（每秒超过 200 帧），因此，继续提升刷新率仍然是避免晕眩的有效方式，在高端手机都已经开始普及 120 帧的情况下，新发布的 VR 产品的刷新率应该会普遍超过 100Hz。

索尼和微软 2020 年后将推出新一代的 PS5 和 Xbox Series X 主机，这也是虚拟现实技术迎来的另一个重大机遇。与 PS4 和 Xbox One 相比，这两款新主机的硬件速度都有大幅提升，甚至可以与性能非常强大的 PC 游戏相媲美，而且新主机还支持光线追踪的新功能。

微软已经公开表示，虚拟现实并非 Xbox Series X 的关注重点。微软 Xbox 主管菲尔·斯宾塞（Phil Spencer）在接受采访时指出，虚拟现实并不是用户所期待的那种体验。"我们对客户的要求做出了一一回应，但似乎没有多少玩家想要虚拟现实技术。"他说。虽然根据这位高管的说法，听起来我们不会很快看到 Xbox 平台的虚拟现实设备，但至少我们可以确认，当微软准备好打造 VR 产品时，Xbox Series X 的配置足够强悍来支持虚拟现实技术。

Facebook 在 2020 年制订的 VR 计划，宣布了一个多人 VR 接口，该接口连接了 VR 世界中的各种 Oculus 设备，用户可以在其中探索，玩游戏并与朋友社交。Facebook Horizon 将于 2021 年进入内测。

索尼和 Facebook 2019 年合计占 VR 出货量的 63%，这一数字还将上升。HTC 刚刚发布了新的 HTC Vive Cosmos，以添加到其 VR 硬件产品线中。HTC Vive 无线适配器支持 HTC Vive 头显，Vive Cosmos 具有六个摄像机，可进行从内到外的跟踪，铰链式前置，使用 LCD 显示屏的组合分辨率为 2880×1770（每眼 1440×1700），可移动的前面板进行了进一步的修改和新的无线 6DoF 控制器。

一个不确定因素是 5G 网络，它不仅支持无线 VR 头戴式头显，通过建设蓬勃发展的基础设施将让云游戏服务爆炸式增长。在虚拟现实体验中，除了部分高端 PC 版设备能够拥有较好的视觉效果，大部分都有粗糙的表现导致沉浸感变差。一方面，本地显示运算需要设备支持，极为不便；另一方面，视频传输问题，4G 网络的传输速率和稳定性无法满足高清视频的要求，大部分虚拟现实设备只能退而求其次，选择更流畅的画面放弃更高清的画质。借助 5G 的高速通道，4K/8K 高清体验成为现实。

5G 有助于提升虚拟现实用户沉浸体验层次，降低优质内容的获取难度和终端成本，进而实现产业级、网联式、规模性、差异化的应用普及之路。

2020 年，业界对虚拟现实的界定从终端设备向串联端、管、云的沉浸体验演变，5G 推动了虚拟现实内容上云与渲染上云。其中，渲染上云是指将计算复杂度高的图像渲染放在云端处理，大幅降低用户侧 CPU+GPU 的计算负载，使 VR 终端容易以轻量化方式和较低成本被用户接纳。

内容匮乏是虚拟现实产业发展初期的主要问题，在终端本地处理情况下，VR 内容需要不断适配各类不同规格的硬件设备，而在 5G 云 VR 的架构下，VR 内容处理与计算能力驻留在云端，更易于便捷适配各类差异化的 VR 硬件设备。同时，针对高昂的虚拟现实内容制作成本，5G 云 VR 有助于实施更严格的内容版权保护措施，保护 VR 产业的可持续发展。

1.2.2　应用领域

1. 3D 展览会

虚拟现实带来展销新思路：3D 展览会。对主办方而言，虚拟现实技术模拟大中小型展会，还原真实规模。设计效果提前浏览，削减了场地、设备、展位搭建等筹备费用。开展前期，参展邀请可通过参展登记信息平台，精确定位目标客户，定制邮件群发给客户群。对参展商而言，传统会展的名片收集和调查表收集费力不讨好，收集信息往往因为采购商的流动而不完整。互联网技术与虚拟现实技术的结合，让展商之间的信息交换和资料共享不再被动。在线互动即可直接获得企业注册情况、产品使用体验调查、购买意愿调查等统计报告，指导挖掘企业对潜在合作方，直观分析市场活动效果。

对参展观众而言，简单的指尖操作即可代替一整天的走马观花，轻松畅游会展展馆，更快速和有针对性地掌握展览全貌。以多媒体形式观看展厅构造和展品演示，也能够让采购商一次性了解产品情况，节省交易成本，更好地达成合作意愿。

对所有参加研讨会的客户而言，虚拟现实在线会议功能，使特邀演讲嘉宾、业内人士、合作伙伴之间进行高效交流，满足各方的市场推广和业务拓展需求。

虚拟现实技术可广泛地应用于城市规划、室内设计、工业仿真、古迹复原、桥梁道路设计、房地产销售、旅游教学、水利电力、地质灾害、教育培训等众多领域，为其提供切实可行的解决方案。

2. 先进制造业应用

在先进制造业领域，站在大型飞机发动机的 3D 影像面前，"可任意拆卸"这个虚拟现实的强项表现得淋漓尽致。操作人员可以把虚拟发动机的许多部件逐一拆卸，再进入发动机内部。"虚拟现实"实现了跨平台的交互式设计、虚拟展示、虚拟装配、CAE 数据可视化等功能，大幅提高设计团队的设计效率，使研发人员能及时发现、修正设计缺陷和潜在的工艺问题，提高产品开发的制造成功率。

3. 教育培训领域应用

虚拟现实技术在教育培训领域也大有用武之地。为真实实验不具备或难以完成的教学功能创造条件。在涉及高危或极端的环境、不可及或不可逆的操作，高成本、高消耗、大型或综合训练等情况时，虚拟现实技术能提供可靠、安全和经济的实验项目。华东理工大学的 G-Magic 虚拟现实实验室，就是高校虚拟现实教学的一个范例。该实验室拥有 CAVE 洞穴式虚拟现实系统，可以把大学生设计的作品投影到墙面、天花板和地面上。比如，学生设计了一间淋浴房，他能利用这套系统把它展现在实验室里，和真实的淋浴房一样大小。营造出这种教学环境后，教师就能与学生更方便地交流各个环节的设计优劣，并随时做出修改。

企业的一些培训项目，同样离不开虚拟现实。以石油化工为例，众所周知，大型石油灌区集中了大量危险化学品，一旦操作不当，便可能引发火灾、爆炸事故，并造成环境污染等次生灾害。因此，政府和企业对大型石油灌区的安全性和操作人员的专业性提出了很高要求。虚拟现实技术可以构建储罐区应急救援及安全培训系统，它不但能向员工呈现操作流程的各种场景，引导他们学习、掌握安全操作技能，还能模拟事故发生、火光熊熊的场面，让员工在沉浸式虚拟影像中开展救援行动。

4. 影视

早在 2015 年年初的美国圣丹斯电影节上，一部完全依靠 CG 制作的虚拟现实短片《LOST》就曾引来一阵热议。同年 7 月，同样是由《LOST》的制作公司带来了他们的第二部虚拟现实短片《HENRY》。与《LOST》不同的是，这一次他们在片中设计了"交互式"场景，改变了观众完全被动式的体验。就连《速度与激情》系列的导演也在 2019 年拍摄了一部虚拟现实短片《HELP》。由此可见，虚拟现实的春风确实已经刮向影视行业。

5. 绘画

谷歌在 HTC 与 Valve 联合开发的虚拟现实设备 HTC Vive 的基础上打造了 Tilt Brush，

其实就是虚拟现实版的 Photoshop，通过使用 HTC Vive 的左右控制器来实现绘画创作。左边控制器在虚拟空间当中映射出一个立方体，显示出控制面板菜单，可转动立方体进行选择；右边控制器则相当于鼠标，当光标移动到相应菜单上时会有英文提示。其画板就是整个的三维立体空间，用户可以设置壁纸背景，线条也可以自由设置色彩。

6. 虚拟现实游戏

在 Steam 虚拟现实平台上已经可以通过 HTC Vive 来体验虚拟现实游戏。Steam 的官方网页显示，支持虚拟现实的游戏有 204 款。其中不乏《Half-Life》这种大作，并且所有推荐游戏都支持 basestation 动作捕捉系统。

1.2.3 虚拟现实仿真平台

Virtual Reality Platform 即虚拟现实仿真平台（VRP）。

VRP 的子软件产品具体包括：

VRP-BUILDER 虚拟现实编辑器，该软件用途包括：三维场景的模型导入、后期编辑、交互制作、特效制作、界面设计、打包发布的工具。客户群：主要面向三维内容制作公司。

VRPIE-3D 互联网平台，软件用于将 VRP-BUILDER 的编辑成果发布到互联网，客户可通过互联网对三维场景进行浏览与互动。

VRP-PHYSICS 物理系统，可逼真地模拟各种物理学运动，实现如碰撞、重力、摩擦、阻尼、陀螺、粒子等自然现象，在算法过程中严格符合牛顿定律、动量守恒、动能守恒等物理原理。

VRP-DIGICITY 数字城市平台，具备建筑设计和城市规划方面的专业功能，如数据库查询、实时测量、通视分析、高度调整、分层显示、动态导航、日照分析等。

VRP-INDUSIM 工业仿真平台，可以模型化、角色化、事件化的虚拟模拟，使演练更接近真实情况，降低演练和培训成本，降低演练风险。

VRP-TRAVEL 虚拟旅游平台，能够激发学生的学习兴趣，培养导游的职业意识，培养学生的创新思维，积累讲解的专项知识，架起学生与社会联系的桥梁，全方位提升学生讲解能力，让单纯的考试变成互动教学与考核双模式。

VRP-SDK 三维仿真系统开发包，提供 C++源码级的开发函数库，用户可在此基础之上开发出自己所需要的高效仿真软件。

VRP-STORY 故事编辑器，拥有操作灵活、界面友好、使用方便的交互界面，就像在玩游戏一样简单；易学易会、无须编程，也无须美术设计能力，就可以进行 3D 制作，能够帮助用户高效率、低成本并快速地做出想得到的 3D 作品；支持与 VRP 所有软件模块的无缝接口，可以与以往所有软件模块结合使用，实现更耀眼、更丰富的交互功能。

1.2.4 虚拟现实创业发展

作为媒体科技领域内的革命性技术，虚拟现实、增强现实已经成为文化、游戏和科技领域的热点所在，不仅被资本和市场所追逐，而且受到国家创新战略布局的高度重视。2017 年 7 月，《文化部"十三五"时期公共数字文化建设规划》发布，提到虚拟现实、增强现实设备在图书馆等公共文化机构的应用。虚拟现实技术被用于文化学习、遗产保护、艺术欣赏等方面，对大众文化领域产生了巨大影响，各细分行业领域都在积极尝试与虚拟现实、增强现实技术融合。虚拟现实、增强现实的技术部分与其他文化产业产生跨界交融的形式，它的出现和创新为文化产业的发展提供了新的内容。文化旅游和影视作为文化产业的重要组成部分，一直在积极尝试与这项新兴科学技术的融合。

工业和信息化部在 2019 年 3 月部署开展 2019 年新型信息消费示范项目申报工作。从提升服务供给、加快服务创新和优化消费环境等方面着力，遴选一批新型信息消费示范项目，通过示范引领，总结可复制、可推广的经验和做法，加快扩大和升级信息消费。在生活类信息消费中提出要鼓励利用虚拟现实、增强现实等技术，构建大型数字内容制作渲染平台，加快文化资源数字化转换及开发利用，支持原创网络作品创作，拓展数字影音、动漫游戏、网络文学等数字文化内容，支持融合型数字内容业务和知识分享平台发展。

在新型信息产品消费中提出要鼓励升级智能化、高端化、融合化信息产品，重点支持可穿戴设备、虚拟现实等前沿信息产品，鼓励消费类电子产品智能化升级和应用。

总之，文化旅游、影视领域等现代生活的许多行业都需要寻找适合数字化且适用虚拟现实、增强现实技术中新交互方式的创新模式，将虚拟现实、增强现实技术的沉浸式体验与传统体验的内容相结合，以适应技术的进步与人们需求的提升。而且在国家政策对文化服务业的大力推动下，虚拟现实、增强现实技术在各行各业的应用与发展有了强大的动力，虚拟现实、增强现实技术与专业领域结合必将在后续的发展中产生出更加贴合用户与实际应用的新形态与新模式。

1.3　虚拟现实带来的创新思维

回顾一下 iPhone 的发展历程，思考究竟是什么造就了 iPhone 如此巨大的成功？iPhone 彻底革新了手机行业、互联网经济，甚至在很多方面改变了整个世界。但是从技术方面来讲，iPhone 其实也不是特别有创意。真正使得 iPhone 具有跨时代意义的，是整个 iPhone 项目背后的概念创新：设计师不想创造一个有着特殊功能的手机，相反他们想要制造一款成熟的掌上电脑，支持打电话和上网，也就是说他们创新了手机的应用。移动手机对于软件的重视改变了整个行业经济。收入不仅仅来自销售设备和手机服务，同样来自营销和售卖应用及应用内置广告。应用设计商必须与控制智能手机运营系统的公司分享收入，这提供了主要的数据来源。苹果手机持有移动手机市场大约 15% 的份额，但是占有全球智能手机市场 80% 的收入。

回到虚拟现实，可以说无论虚拟现实是否可能成为下一波科技产业的革新者，都应该将 iPhone 视为概念和灵感的鼻祖，去不断创新我们周围的设备和推动应用不断发展。

1.3.1　虚拟现实的创新特质

第一，它提供身临其境和吸引人的用户体验。越来越多的证据表明，虚拟现实环境对学习者更有吸引力并且有效地支持学习和在线协作。在交流方式方面，虚拟现实可以提供自 IM（短消息）、VoIP（语音通话）和屏幕共享以外的"第四种方式"。

第二，可以大幅降低运营成本。与传统的面对面会议或工作坊相比，特别是当参加者来自分布式场所，必须前往一个固定地点进行聚会时，为组织方和参会者节省了场地租赁、空间装饰、物流和差旅费用等成本，同时也节省了旅行等所消耗的时间成本。它还为用户访问和连接提供了灵活性，因为可以从任何地方连接到虚拟现实环境，如笔记本式计算机、平板电脑或手机等。

第三，高度可定制性和可扩展性。随着 3D 建模技术的成熟，虚拟现实环境中的数字化组件易于创建、维护和处理。由于可以预先设计和构建模型结构和块，所以玩家可以像玩乐高一样轻松上手。此外，所有用户生成的内容（UGC）可以集中存储并可用于后期处理。

虚拟现实是信息科技和艺术进步的产物，同时促进了人类思维方式的发展，使人类的思维层次复杂，思维深度加大，思维精确度加深。虚拟现实世界的思维特征可以归结为六方面：隐私性与开放性、共享性的统一；永久性和即时性、交互性的统一；中心性和无中心性的统一；限制性和非限制性的统一；逻辑性与非逻辑性的统一；虚拟性和现实性的统一。这些特征相互交织融合，共存于虚拟现实世界之中。在建构和谐社会、绿色和谐虚拟现实的环境中，探讨虚拟现实世界的思维特征对于提高创新思维能力，培育科学合理的思维方式具有重要意义。

虚拟现实技术是一种可以创建和体验虚拟世界的计算机仿真系统，它利用计算机生成一种模拟环境，是一种多源信息融合的交互式的三维动态视景和实体行为的系统仿真，使用户沉浸到该环境中。利用这种技术，可以打破现实中人们对现实实物观念的界限。例如，可以把一组虚拟的建筑物投射到现实中，查看它的实现可行性。又或者把磁场路径这种虚拟的东西在现实环境中展现出来，让学生们更容易去理解。

所以在教学方面，一切虚拟模糊难理解的现象都可以在这个世界里完全具体地展现出来，而且虚拟现实一来解决了可视角度的问题，二来解决了操作交互性的问题。"你所触摸到的、听到的、看到的，只不过是一些神经元经过刺激传输到大脑里，然后形成你所认为真实的信号而已。"因此，只要能把这些人所能感受的触觉通过特殊的传感器有效转换成信号，就能在虚拟的世界中体验真实的"世界"。

我们还可以通过虚拟现实实验来完成实际中不易于实现的物理实验。虚拟现实是指利用计算机和一系列传感辅助设施来实现的使人能有置身于真正现实世界中的感觉的环境，是一个看似真实的模拟环境，通过传感设备，用户根据自身的感觉，使用自然技能考察和操作虚拟世界中的物体，获得相应看似真实的体验。具体含义如下：

（1）虚拟现实是一种基于计算机图形学的多视点、实时动态的三维环境，这个环境可以是现实世界的真实再现，也可以是超越现实的虚构世界。

（2）操作者可以通过人的视、听、触等多种感官，直接以人的自然技能和思维方式与所投入的环境交互。

（3）在操作过程中，人是以一种实时数据源的形式沉浸在虚拟环境中的行为主体，而不仅仅是窗口外部的观察者，由此可见，虚拟现实的出现为人们提供了一种全新的人机交互方式。

虚拟现实技术和交互式 3D 技术已很好地应用在各个行业中，起到了一般方法无法实现的作用。

物理实验中，存在一些不可视、不可摸、不可人、危险性场所的实验问题；实验仪器不足、设备陈旧老化等问题。

将虚拟现实技术与物理实验有机结合在一起，以建立虚拟仿真物理实验环境和虚拟实验过程。虚拟仿真物理实验是利用计算机来模拟（仿真）实验的环境及过程，通过计算机操作来做某一实验，从而学习和掌握从实验中获得的知识。虚拟现实技术在物理实验中的应用，将有助于进行更多现实中不易完成的物理实验，并且更大限度地减少时间和空间的限制。

虚拟现实技术在物理实验中，能提供直观、形象、多重感官刺激的视听材料，通过身临其境的、自主控制的人机交互，由视、听、触觉获取外界的反应，思维、情感和行为三方面都参与实验。还可以利用网络传输技术，实现资源共享，实现协商学习。

1.3.2　虚拟现实带来了无限制创新思维的可能性

创新是发展的第一动力。能不能以技术进步打造创新驱动的引擎，能不能推动新技术、新产品、新业态、新模式在各个领域广泛应用，是发展虚拟现实的意义所在。"如何推动虚拟现实技术创新与实体经济相互融合"也是世界虚拟现实产业大会上讨论的焦点。一方面，虚拟现实还处于起步阶段，打造更高交互水平的人机互动系统需要攻克不少技术难题；另一方面，虚拟现实只有赋能各个领域的创新，才能提升全要素生产效率，如何把看似"虚"的技术变成"实"的产业，需要各地在实践中加以探索。

虚拟现实为创造力打开新的境界、为培养创造力提供沃土，为发挥人的创造力提供虚拟仿真环境，开辟了虚拟评估的新空间。虚拟现实重新审视创造力、降低创新创业门槛，为普及创新和创造力教育提供条件，让任何人都可以成为创新者，创造虚拟的创新条件。虚拟现实本身可以用于训练人的创造力，其本身提供了创新动机和创造动力，为创新提供了表现方法和创造力的形式。虚拟现实给群体创造的协作过程提供帮助，降低创造力培训、创造力技术和练习成本，为创意、创造力案例提供虚拟实现和演练的条件，为说故事和宣讲提供创新性解决方案。虚拟现实拓展了创新过程中解决问题的能力和创建新模型的能力，在操作性问题、数学问题、逻辑问题虚拟现实、创意和灵感等方面提供了更直观的创新环境。虚拟现实为创意及演变缩短了时间周期，摆脱了对自然界中现实条件的依赖性，突破了许多物理现实的创造力的约束因素，突破了创造力的局限性。虚拟现实从根本上改变了创造的态度和对创新的认知，可以说是开创自由创新创业的新秩序。人民日报也发表了文章：《让虚拟现实赋能创新》。虚拟现实真正实现从技术到产业的蝶变、培育新的发展动能，必须建立完整的产业链。科技创新成果的不断涌现，拓展了人类想象力的边界。这个过程中，一个虚拟和现实交相辉映的全新时代或许正在加速到来。

我们应该从虚拟现实进入"+时代"、虚拟现实+融合与创新、虚拟现实+改变生活、虚拟现实+改变商业模式、虚拟现实+引爆新经济等角度来分析虚拟现实对创新创业的思维升级和推动作用。

《国家文物事业发展"十三五"规划》指出，坚持保护为主、保用结合，坚持创造性转化和创新性发展，大力拓展文物合理适度利用的有效途径，讲好中国故事，提升中华文化国际影响力。可见，文化创意产业的发展需要"新意"点缀，也需要科技"加持"。我们应该巧借时代新风，让文化创意产业与"互联网+""虚拟现实""人工智能"等新技术融合，为人民群众带来更新颖的文化体验，让虚拟现实为人们的文化生活和物质生活带来无限制创新思维。虚拟现实，将会点亮更加智慧、美好的未来。

1.3.3　虚拟现实创新实践的方法论

虚拟现实创新可以是跨界型的创新思维方式。那么虚拟现实创新的方法论有哪些？其实，任何一种厉害的创新，本质上都是"脑洞无限大，眼光准狠深"的结合，关键词永远是两个：洞悉和发散。所谓"洞悉"就是要不断挖掘本质，找到现象背后真正起决定作用的东西；而发散则是要忘记一切常识和条条框框，借助虚拟现实的虚拟仿真便捷、低成本手段，从而用开创性的方案解决洞悉中发现的本质问题。洞悉是要提出正确的问题，而发散是不考虑任何已知正确结论去想答案。这里提出几种方法供借鉴。

1. 仿真推演法

通过虚拟现实的虚拟仿真去推演和分析，挖掘现象背后的问题本质，去找背后构成这一功能应用的特性，同时更要找其他未被应用的特性，发现现象背后隐藏的需要更多实践和推演的特性。

2. 用随机关联法把虚拟现实与行业应用结合

针对已经发现的问题和特性，该如何发散思维找到创新点？虚拟现实为人们提供了很多途径，通过虚拟现实可以把很多不合法、不道德、不可能思维和实践在虚拟世界里实现，去发现正常情况下看不到、想不到、碰不到的可能性；通过虚拟演变得到各种随机的可能性和随机的可行性，从中寻找有价值的东西，这也是一种创新的途径；虚拟现实与热门的应用和热点问题结合，就能碰撞出新的闪光点；虚拟现实与其他行业的专家来连接，与其他产业的成功方案对接；用随意关联法提出一些绕弯儿的问题，用虚拟现实技术把问题放大或者推导到极度夸张的极限或模拟仿真出极度抽离、矛盾的概念，从中找到正常思维和行为下没有的创新点。

3. 积木结构调整法

一个产品或者实践活动，可以把它用虚拟现实技术由表及里拆解为应用场景、视觉交互、功能特性、媒体介质、逻辑模式等层面，每一层又分别对应不同专业和人群的需求、心理习惯，以及环境态势有差异化的变化空间，那么人们可以用虚拟现实手法把以上几个要素当作积木模块一样进行结构拼接和调整，形成不同组合从而产生完全不同的产品。

4. 反思维定式法

经常有很多"不假思索的常识"只是某段时间内人们通用的做法，而不是权威的真理，而如果人们通过虚拟仿真去假设这些"常识"并不成立或者有更多的可能，甚至反其道而行，则往往会发现新的机会。

5. 分类概念突破法

与思维定式一样的，人们还要突破各种各样的产品概念和归类，分类往往是带有先入为主的偏见的，一旦被归类，就会按部就班地用条条框框执行。好的创新就是概念的创新，无中生有、有中找优、优中找无，从已有的概念中突破产生新的概念、应用和产品。

需要强调的是，不能为了创新而创新，创新不是任务，也不是吸引眼球制造噱头、炒作概念忽悠融资的手段，创新的核心往小一点说是帮助企业、产品或者一个实践活动找到差异化的竞争策略、从而脱颖而出或者生存下去，往大一点说是用开创性的方案解决某个领域深层的问题，并且这个方案比其他方案好上十倍，从而创造了巨大的用户价值和商业利润。创新就是提出正确的问题，找到关键的问题，用巧妙的办法解决问题。

1.3.4　虚拟现实将重新定义很多概念和应用

虚拟现实与电子商务对接，以虚拟现实全景的方式重新定义电子商务模式，比如针对网购平台推出虚拟现实应用可以解决诸多网购带来的不便，并能解决网购中试用过程的短板，能增强用户的试用体验，增加试用乐趣。虚拟现实应用的行业还渗透游艇、汽车、房地产等行业应用。

随着增强现实、虚拟现实和新兴混合现实的不断发展，以及逐步扩大的现实应用范围，它们将改变人们在一系列环境中的沟通方式，其中就包括人们的工作场所。利用"身临其境"的虚拟现实设备（虚拟现实）对新员工进行培训，帮助他们更快、更好地适应工作环境，以保证他们能够在走进生产工作岗位之前信心满满。这种全新的体验方式将颠覆固有的培训模式。

虚拟现实和增强现实可能会在新的网站体系中发挥更重要的作用。虚拟现实是一个真正的公共载体，结合 Web 3.0 后它将无法区分虚拟和现实，从而重新定义人们体验世界的方式，这使得专业、半专业和消费者的界限越来越模糊，创造出一种商业和应用程序的网络效应。

早期的 Web 1.0 基本上是许多静态，几乎没有留下访问者的互动余量。Web 2.0 允许人们进行交互并自由地进行社交、交谈和分享他们的内容。而 Web 3.0 是一种更加互动型的网络访问方式，并且更加人性化。Web 3.0 将帮助人们在现实世界中更加自由地实现交互。例如，人工智能将从人类行为中提取信息以实现个性化导航体验，并优化搜索引擎提供的结果。物联网（IoT）设备将增强机器对现实世界的"感知"，并允许人们通过互联网与几乎每个对象进行互动。Web 3.0 与虚拟现实将重新定义人们感知和体验到的世界，允许与世界任何一个对象进行互动。

基于网络的虚拟交易更加私密并受到保护，虚拟化可以使人们世界中的每个空间成为人们可以与之交互的动态渠道，并保证空间的独立性和私密性。例如，由于对酒店房间的访问可以限于拥有密钥的人；类似的网络空间可以变成"私密内容"，如私立学校的幼儿园的部分信息只有该园区的用户才能访问。这些协议可用于虚拟化的每笔交易，从购买物理和数字项目（如电子书或视频游戏）到获取各种服务。虚拟现实和增强现实可以作为物理和虚拟空间的会议场所。随着从 Web 1.0 向 Web 2.0 的过渡导致物理商店向电子商务的发展，Web 3.0 的虚拟化可能导致新一代"虚拟现实商务"（v-commerce）商店的诞生，现代化基于区块链的经济。

Web 3.0 与虚拟现实重新定义世界，特别是网络世界的私密性将获得加强，除了购物体验的虚拟化，在艺术设计和智慧教育方面也出现了一些新的理念。智慧教育以"教"为中心转移到以"实践能力培养"为中心、将智慧教育设计和应用的对象从学前教育到大学实训甚至包括研究实验室，通过智慧教育让学生在各方面都有全面的提升。人们迫切地希望在高新技术条件下学习新知识，从实践培训、思维创新、教学方式上重新建构教学环境，在实践、操作、思考三个过程中紧紧围绕创新能力的建设。结合虚拟现实，智慧教育的"及时交互"能力得到充分体现，不仅呈现的内容清晰可见，而且呈现的方式也符合学习者的认知特点，这有助于增强学习者对学习材料的理解和加工。通过虚拟现实支持教学互动及人机互动的能力，完成了交互概念对教学课件理解的新技术的跨越。未来，在虚拟现实的帮助下，教育的方式将变得更加丰富，互动模式的学习也将会成为常态。

虚拟现实综合利用计算机图形技术、计算机仿真技术、传感器技术、显示技术等多种科学技术，实现在多维信息空间上创建虚拟信息环境，令体验者身临其境；而拟真现实（Emulated Reality，ER）技术则是将虚拟现实与物联网进行整合、打造人造环境、实现无缝衔接。"虚拟现实把所有屏幕都代替，所有用眼睛看的地方以后都经过虚拟现实头盔，以后称为虚拟现实眼镜，或者变成隐形眼镜，人们可能会把它当成自己器官的一部分，不是工具。"这样人类生活的界面全部被改变了。如果再戴上"混合现实头戴式显示器"，就走进自己创造的世界。他们不是在推拉大积木，而是改造视觉效果很真实的东西。我们的下一代可能将"集体移民"进入虚拟世界。

真正的虚拟现实并未到来，未来世界将被它们颠覆。可以想象一下，如果你在纽约，我在北京，约好在虚拟世界的某个地址见面。5 分钟后我们穿过地球，拍拍肩膀，握握手。这有可能会实现吗？或者不久后的某个清晨，你可以起床后甚至不必洗漱，穿着舒适的拖鞋，不用出门就可以与同事召开会议。这也可能实现吗？这一切有关未来世界的颠覆性构想，有可能由虚拟现实和 ER 来实现。谷歌掌门施密特宣称"互联网即将消失"，未来人们将从文本图像的交流变为物与物的连接，互联网将被"物联网"取代。

我们不要因为担心很多领域被颠覆而停滞不前，"虚拟现实在教育、科研、安全等方面会对我们有益。我们要多考虑怎样利用这一类的技术，推进人类向前"。

1.3.5　以虚拟现实为工具进行创新

VR 成全球大学的创新工具，虚拟现实现已成为一种新的创新工具。美国波瓦坦大学（University of Powhatan）已将虚拟现实技术融入课堂，该校创新与技术教师 Nicole Miller 表示，虚拟现实技术不光会在艺术课上使用。虚拟现实还用于科学、语言艺术和历史课程，学生戴上 VR 头显，就能沉浸在另一个世界中，就像他们真的在那里一样，并且可以利用虚拟现实代替真实的场景进行演练和创新。位于美国弗吉尼亚州的雪兰多大学（Shenandoah University）也在研发自己的虚拟现实项目。雪兰多大学的虚拟现实实验室帮助 Miller 找到了更多将虚拟现实应用到课堂上的方法。

2019 年 7 月，哈佛大学在考古课程中引入 VR 技术，该大学可视化研究与教学实验室主任 Rus Gant 带领学生们进行了一次与众不同的考古实验课题。Rus Gant 通过与 Visbit 合作，利用 VR 技术让学生们在虚拟环境中探索古墓，直观地观察不同类型的遗迹、遗物，好似"主演"了一部迷你版的《古墓丽影》大片。

华东理工大学利用 VR 实景还原馆内场景，再叙述长征精神、长征故事，并假以新的数字化语言进行再现和创作。台北医学大学和 HTC 旗下的健康医疗事业部 DEEPQ，宣布成立全球第一间 VR 解剖教室，学生戴上 VR 头戴式装置后，透过看到的 360° 3D

立体人体来学习。

随着 5G 时代的到来，VR 作为一种创新的教育工具，将被越来越多的学校和科研机构所接受，并运用于他们的教学与研究中。

综上所述，虚拟现实、增强现实技术的潜力远远超过任何一个行业，虚拟现实将重新定义很多概念和应用，前景无限广阔。这是一个万众瞩目的新兴领域，是一个人机交互的革命时代。虚拟现实行业的硬件技术的提升正在为行业内的内容创作工程师提供机遇，将为大规模创新的出现积蓄力量。这样的创新力量一旦喷涌，将是颠覆式的，"最初的智能手机只能看天气，现在已经涉及所有的日常生活，虚拟现实也会经历同样的过程"。虚拟现实、增强现实作为一种技术已经日臻成熟，而技术仅是工具，只有与行业的深刻融合和创新才会带来最好的社会效果。"未来让虚拟变成现实"，虚拟现实的目标就是将虚拟无限接近现实，用户分不清楚现实还是虚拟时，颠覆式的创新就真正来临了。

第②章

虚拟现实技术应用的创新点和创意设计

2.1 虚拟现实创作和应用实践

2.1.1 虚拟现实创作和应用实践基础

虚拟现实本质是利用计算机技术生成一个逼真的，具有视觉、听觉、触觉等多感知的三维虚拟环境，用户通过使用各种交互设备，同虚拟环境进行互动，身临其境地与之进行交互仿真和信息交流。它需要全新的数字化人机接口技术，这也是数字媒体技术的高级阶段。与传统的模拟技术相比，其主要特征是：操作者能够真正进入一个由计算机生成的交互式三维虚拟环境中，与之互动和交流。通过参与者与虚拟环境的相互作用，并借助人本身对所接触事物的感知和认知能力，帮助启发参与者的思维和认识能力，以全方位地获取虚拟环境所蕴含的各种空间信息和逻辑信息。沉浸感和实时交互性是虚拟现实的实质性特征，对时空环境的现实构想（见图 2-1，即启发思维，获取信息的过程）是虚拟现实的最终目的。

图　2-1

根据虚拟现实技术的基础和内涵本质可以看出，它对技术要求比较高，还需要有相应的软硬件系统环境予以配套进行。除了完善的虚拟现实软件开发平台和三维图像处理系统之外，根据虚拟现实的技术特征，系统还要求具有高度逼真的三维沉浸感。这种沉浸感主要通过立体听觉、三维触觉或力感以及具有高度沉浸感的视觉环境来实现。

此外，根据虚拟现实的技术特征要求，实时交互性是虚拟现实技术的灵魂，它是区别于其他传统媒体技术的本质所在，在虚拟现实系统中，这种交互往往通过多自由度的虚拟仿真交互设备来实现，如数据手套、位置跟踪器等。

虚拟现实技术的实践需要一个完整的虚拟现实与数字媒体实践系统和环境平台，包括以下几部分：视景仿真应用软件开发平台和运行平台，高性能图像生成和处理系统，360°自由度仿真交互系统，集成管理控制系统和基础环境。以下介绍其中主要的应用设备和系统。

1）HTC 虚拟头盔

HTC Vive 是由 HTC 与 Valve 联合开发的一款虚拟现实头盔产品（见图 2-2），于 2015 年 3 月在 MWC 2015 上发布。由于有 Valve 的 Steam 虚拟现实提供的技术支持，因此在 Steam 平台上已经可以体验利用 Vive 功能的虚拟现实游戏。头盔屏幕刷新率为 90 Hz，搭配两个无线控制器，并具备手势追踪功能。

HTC Vive（见图 2-3）通过三部分致力于为使用者提供沉浸式体验：一个头戴式显示器（简称头显）、两个单手持控制器和一个能于空间内同时追踪显示器与控制器的定位系统。

在头显上，HTC Vive 开发者采用了一块 OLED 屏幕，单眼有效分辨率为 1 200×1 080 像素，双眼合并分辨率为 2 160×1 200 像素。2K 分辨率大大降低了画面的

图　2-2

颗粒感，用户几乎感觉不到纱门效应。并且，能在佩戴眼镜的同时戴上头显，即使没有佩戴 400 度左右的近视眼镜依然能清楚地看到画面的细节。画面刷新率为 90Hz，实际体验几乎零延迟，也不觉得恶心和眩晕。

控制器定位系统 Lighthouse 采用的是 Valve 的专利，它不需要借助摄像头，而是靠激光和光敏传感器来确定运动物体的位置，也就是说 HTC Vive 允许用户在一定范围内走动。这是它与另外两大头显 Oculus Rift 和 PS 虚拟现实的最大区别。

图　2-3

HTC Vive 提供了三个第一人称视角 Demo，第一个是 The Blu: Encounter，由 WE 虚拟现实制作，用户处于海底一艘沉船的甲板上，一条大鲸鱼擦身而过。第二个 Aperture Robot Repair 则是开发用于展示游戏应用方向的，这个 Demo 通过对细节的极其拟真：画面、形象、声音和控制手柄传来的振动的组合，让人感觉到这是"真实"的，而不只是投入玩一个有纵深感的大屏幕 3D 游戏。第三个是 Tilt Brush，由 Google 出品，很多媒体都称之为虚拟现实版的 Photoshop。顾名思义，它能让用户在虚拟空间里画画，画笔则是两个分立手柄。左手手柄虚拟出一个立方体菜单，左右滑动手柄上触摸板转动立方体，可选择不同的工具、笔触和作画空间。右手手柄用于选择功能和作画，整个虚拟空间都是画板。

HTC Vive 虚拟现实设备（见图 2-4）从最初给游戏带来的沉浸式体验，延伸到可以在更多领域施展想象力和应用开发潜力。一个最现实的例子是，可以通过虚拟现实搭建场景，实现在艺术创作和教学领域的应用。比如，帮助医学院和医院制作人体器官解剖，让学生佩戴虚拟现实头盔进入虚拟手术室观察人体各项器官、神经元、心脏、大脑等，并进行相关临床试验。

图　2-4

在电影和视频制作方面的应用已经开始，已经有一些此类应用，这可以给用户带来真正沉浸式的体验。未来可能当我们走进影院不再是戴着 3D 眼镜观影，而是戴着虚拟现实头盔，更加身临其境地置身于电影场景中，甚至可以 360° 视角观看。

2）头盔协同设备及系统环境

一个完整的虚拟现实实践系统或大型仿真可视化系统通常都包括很多组成部分，如多通道投影、灯光、音响等很多产品和设备，这些产品设备之间需要相互连接、相互依赖，彼此协同工作。一个如此复杂的系统要顺利地运行并能够协同工作，就需要进行管理与集中控制，因此，需要有个协同控制系统，所有设备都由中央控制系统控制，一系列操控工作只要通过一个小小的触摸屏就可以很方便地完成。

还要配置实践系统常用的设备配置，如三维环绕音响系统有效保障了数字媒体和虚拟现实应用过程中实践的三维声学效果。另外还有网络系统、定位系统等，各部分在整个虚拟现实系统中各自承担不同的任务，发挥不同的作用，各司其职，协同工作，最终组成一个完整的投入型虚拟现实实践和应用环境。

3）虚拟现实内容设计平台

虚拟现实设计以模拟方式为使用者，创造一个实时反映实体对象变化与相互作用的三维图像世界。在视、听、触、嗅等感知行为的逼真体验中，使设计者可以深入探索、参与者可以直接参与虚拟对象在所处环境中的作用和变化，仿佛置身于一个虚拟的世界中，产生融合性的虚拟现实内容体验。

例如，建筑设计可引用虚拟现实来评估与验证设计意图，而虚拟现实的环境可引用建筑设计知识来建构。使用虚拟现实演示单体建筑、居住小区乃至城市空间，可以让人以不同的俯仰角度去审视或欣赏其外部空间的动感形象及其平面布局特点。它所产生的融合性，要比模型或效果图更形象、完整和生动。

另外，利用虚拟现实语言可实现实时场景内容及单体编辑，动画、解说等多媒体信息和虚拟现实无缝衔接。它让人易于交流，加强大众与专业团体对城市及开发区规划的理解与认识，勾画未来城市的形象等。

在商品房交易中，消费者除了关注商品房的价格、位置之外，越来越关注房屋的环境、结构、设计、装潢。用户在查询某商品房时，可以定位指定观察室内户型以及小区环境；在售楼部可以利用虚拟现实技术让购房者亲身体验小区建成后的三维虚拟环境，了解室内空间、周边环境、固定设施的配套情况，让消费者有身临其境的沉浸感。虚拟现实也可以进行辅助户型室内装修设计及建材选择，场景中的每个物体可进行独立移动、隐藏等编辑操作。

以下具体以动画及虚拟系统的形成过程为例，从四方面介绍如何将虚拟现实用于内容设计中。

（1）数据采集。包括平、立、剖面与透视图，包括能充分反映环境或者建筑物的特点、立面效果，以及重要建筑物的空间关系的规划区域实景图像，诸如多角度、多层次观察的录像与摄影图片。数据采集还包括空间参照物，如周围建筑物、相关的图纸和文本。

（2）用三维建模软件建模。依据方案设计图在三维图形系统中构造建筑物，常用建模软件有 AutoCAD 和 3ds Max。使用 3ds Max 制作动画，将以 VRML（Virtual Reality Modeling Language）文件格式输出。

（3）优化虚拟系统。使用 LOD（Level of Detail）算法替代模型的不同版本，以减轻 VRML 浏览器的负担。通过这种算法，对于远处的或者是不重要的物体，用较少的多边形表示。对于近处的或较重要的物体用较多的多边形来表示，从而在保证图像质量的基础上减少多边形的数目。

也可以使用超链接节点 Anchor、Inline 等，链接其他虚拟空间。Anchor 使场景中的对象与另一空间造型链接，或与场景中另一照相机连接。Inline Object 可合并另一虚拟现实文件。另外，需要通过 Audio Clip、Sound 算法提供虚拟的声音效果。

（4）使用 JavaScript 语言扩展虚拟世界的动态行为。JavaScript 语言是用于 VRML 各个节点的一种描述语言。它使*.WRL 文件所模拟的世界，具有较强的真实度。例如，通过建立了虚拟巡游系统，去设计建设虚拟现实的拙政园，感受其空间蜿蜒曲折、藏露掩映、欲放先收，达到小中见大的效果。

总之，虚拟现实对设计思维的影响很多，颠覆了传统设计以纸和笔进行草图设计的模式；虚拟现实还改变了设计者无法融入所设计的空间，令其观察与想象均受到限制；虚拟现实还提供了其他传统表现方式所无法比拟的、崭新的信息交流界面，设计师可从任意角度，观看虚拟物体的三维效果（如空间的形状、大小，物体的色彩、材质等）；可通过实时三维场景调整、信息查询以及多媒体信息集成等技术，为方案的比较推敲，为设计风格、造型特点，以及相关信息的展示，提供了强有力的支持；在虚拟现实环境中，虚拟环境开拓建筑师的想象力，提高创造力，有助于建筑师产生多样化设计方案，提高设计质量。

4）总结

从某种意义上说，它改变了人们的设计思维方式，改变人们对世界、对自己、对空间和时间的看法，可能将成为应用设计软件的主流。虚拟现实通过完善的交互作用能力，能帮助和启发进入虚拟境界的参与者构思的信息环境。利用计算机系统提供的人机对话工具，同虚拟环境中的物体进行交互操作，使人达到一种境界虚拟，但其感觉却具有真实的效果。我们应充分发挥虚拟现实强大的潜在功能于设计应用领域。

2.1.2 虚拟现实应用实践

以虚拟现实在家装设计中的应用为例（见图2-5），虚拟现实技术的引入可以有效解决设计师与客户之间因信息不对称导致的沟通不畅问题，还有消除了二维图片无法让客户产生真实感的体验等问题。虚拟现实特有的沉浸感能让消费者身临其境感受家具细节效果（包括质地纹理）、整体设计效果等；对于设计师，大大缩短了家装设计时间，降低了与客户的沟通成本，提高效率。

图　2-5

虚拟现实技术引用家装领域所能达到的效果远不仅如此。在设计端，虚拟现实从设计切入，确保实体的真实感和艺术感，PC 客户端基于 UE4 引擎，确保画面效果好、体验感强，使真实户型再现，自由 DIY 你的家（见图 2-6）。

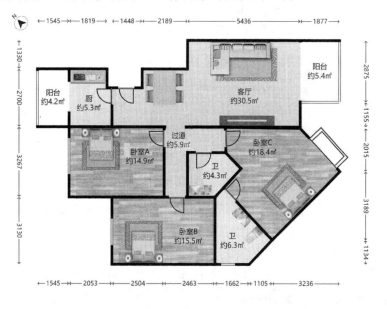

图　2-6

操作上普通用户或设计师先选择相应的户型，在 PC 客户端通过鼠标拖动家居模型即可进行设计，像小时候玩积木一样轻松摆放家具，让家装设计充满乐趣（见图 2-7）。为保证模型质量，设计中使用 1:1 还原的 3D 模型，实物数据要专门采集、制作，模型逼真，不仅能将家具材质纹理清晰展现，还能根据光照的不同呈现相应的效果，实时渲染，每一帧都是效果图品质（见图 2-8）。

图　2-7

图 2-8

在线下，可以建设实体虚拟现实家居馆。虚拟现实家居馆里设置 HTC Vive 虚拟现实体验区和内容展示平台配合，大量真实产品模型存储在云端，只需摆放少量样品，这样就可以极大地节省渠道成本通过高性价比的产品吸引消费者。通过虚拟现实家居设计平台消费者可以感受产品放置在房间中的效果，触摸实体产品后可以快速做出购买决策。

2.1.3 虚拟现实实践创新

虚拟现实+设计，是虚拟现实与艺术设计的完美结合。虚拟现实技术是一种可以模拟三维和实体的环境，虚拟现实乐趣网所提供的应用可以完美支持当前热门设备及虚拟现实游戏下载内容，致力为用户提供全新的虚拟现实资源。

在虚拟现实越来越火的时代，各行各业争相在虚拟现实的产业里分一杯羹。设计师们也逐渐参与到这场盛宴中。虚拟现实与艺术设计的结合，堪称完美。

1. 平面设计

虚拟现实最大特点之一就是全景操作，谷歌 2016 年 4 月开发了一款名为 Tilt Brush 的绘画软件，该软件需要设计师戴上虚拟现实眼镜，然后就可以尽情发挥想象，在空间中随意创作（见图 2-9）。

图 2-9

以前，设计师们伏在桌边用铅笔、橡皮和三角尺作图，工作效率并不高。后来坐在办公室用计算机软件辅助绘图，没日没夜面对着计算机屏幕。以后，有可能实现在虚拟现实中进行创作，那时设计师们可以戴着虚拟现实设备在虚拟现实世界里用虚拟现实版的 PS、AI、sketch 等软件建模，设计好后直接传送给老板。

2. 室内设计

一家位于加拿大卡尔加里的公司 DIRTT Environmental Solutions 已将他们的室内设计产品与虚拟现实技术相结合。DIRTT 的首席技术官兼联合创始人 Barrie Loberg 研发了该公司的 ICE 3D 设计软件，让用户可以通过使用该公司的建筑产品进行互动（见图 2-10）。

图　2-10

应用虚拟现实技术可以非常完美地表现室内环境，并且能够在三维的室内空间中自由行走。在业内可以用虚拟现实技术做室内 360° 全景展示、室内漫游以及预装修系统。虚拟现实技术还可以根据客户的喜好，实现即时动态的墙壁颜色的更换，并贴上不同材质的墙纸。地板、瓷砖的颜色及材质也可以随意变换，更能移动家具的摆放位置、更换不同的装饰物。这一切都将在虚拟现实技术下被完美表现。

3. 服装设计

在美国，虚拟现实技术已融入服装设计，消费者可以在家里戴上一个虚拟现实眼镜，通过网店试选衣服。

消费者可以将自己的身体数据上传给服装设计师，设计师可以在虚拟空间里选择和设置布料的参数（重力、风力），进行人体动力学运动的模拟和仿真，还可以在家试穿虚拟的衣服后再购买（见图 2-11），这样就不会出现网购尺码不合适或样式不满意的结果。

图　2-11

4. 建筑设计

国内有一家在建筑设计领域以虚拟现实技术为切入口的公司——光辉城市。该公司的建筑设计师将 Sketchup、3ds Max 等主流模型文件一键上传至 Smart+平台，半小时左右即可获得由云端引擎全自动转化的虚拟现实展示方案，客户可以戴上虚拟现实头显观看全方位的立体建筑模型。

效果图（见图 2-12）是建筑行业里的重要环节之一，如果交互性不足，效果图只能做定点渲染，展现的内容非常有限。动画虽然可以多方位展示构想，但人却不能参与其中进行随心所欲的漫游。虚拟现实技术的引入可以使设计师和客户在设计的场景里自由走动，观察设计效果，完全替代了传统的效果图和动画，实现 3D 漫游。

图　2-12

5. 汽车设计

在福特汽车的 Immersion 实验室内，通过佩戴虚拟现实头显，进入虚拟环境后，汽车工程师可以观察到许多细节，如灯光的位置、尺寸和亮度，以及其他设计元素的位置和形状。奥迪也推出过一项名为"虚拟现实装配线校检"的技术，利用 3D 投射和手势控制，可以使流水线工人在虚拟现实空间内完成对实际产品装配工作的预估和校准。

虚拟现实技术已经在汽车制造业中加以应用。在汽车设计阶段，厂商可以利用虚拟现实技术得到 1:1 的仿真感受，对车身数据进行分层处理，设置不同的光照效果，达到高度仿真的目的；还可以对该模型进行动态实时交互，改变配色、轴距、背景以及查看细节特征结构。设计师可以第一时间看到效果。

2.2　虚拟现实应用技术的融合与创新

2.2.1　文化艺术与虚拟现实应用技术的融合与创新

虚拟现实技术正逐渐改变人们的生活，2018 年著名导演斯皮尔伯格拍摄的将虚拟现实体验和游戏剧情相结合的《头号玩家》席卷全球荧幕，从"70 后"到"00 后"各年龄段观众全覆盖，让用户简单直观地体验了一把虚拟现实技术的应用。放眼世界，虚拟现实技术也正悄悄地改变着整个世界。

数字化是当前文化产品设计的主流方向，文化产品与数字媒体技术的结合是虚拟现实技术应用的基础。文化产品作为文化的一种形式，通过数字化的转化，运用多媒体技术将图像、文字、动画、声音甚至味觉、体感等多种传达形式集合在一起，丰富了艺术传播和表现形式，提高了文化产品的艺术感染力又增加了其历史感的介绍。

从技术层面讲，虚拟现实技术是对人机交互的高级体验，通过模拟人的视觉、听觉、触觉甚至味觉等感官功能，并在这个过程中借助沉浸式体验，实现逼真的虚拟体验，在虚拟中体验真实，通过语言、动作、指令、位置等变换，在交互的过程中，不仅可以重建文化产品中的古建筑、古遗迹、古代文物等，还可以演绎这些内容的形成过程，让人感受真实世界中无法亲身经历的体验。这种数字艺术的发展现状，已经为虚拟现实技术的融合提供了艺术与技术的基础。

从虚拟现实的接受和使用情况来看，文化产品与虚拟现实技术的融合与创新在国内还处于起步阶段，对于"60 后""70 后"受传统阅读和视觉习惯的制约，接触新的视觉设备需要一定的时间，但是"80 后""90 后"对于科技的接受度值得关注，文化产品与虚拟现实技术的融合与创新其本质是将文化内容以数字化形式进行可视化、虚拟化、实时化、交互式表达。虚拟现实技术的不断发展，为文化产品的传播提供了新的媒介，是一种创新实践。

虚拟现实与艺术的交互结合，让世界各地各种各样的虚拟现实艺术馆逐渐兴起。技术只有被运用才能体现出其价值，这对于虚拟现实也是一样的。将虚拟现实运用到艺术中是一种很合理、很自然的现象。一方面，利用虚拟现实技术，人们可以足不出户地参观各种博物馆和展览馆。另一方面，新技术的演进会带来新艺术的生成，甚至可以说虚拟现实本身就是一种新型艺术形式，这种新型的艺术形式可以让欣赏者在体验艺术的过程中有一种置身"虚拟环境"的错觉，这是以往的诗歌、电影等任何艺术形式所无法企及的境界。

曾有英国工作室设计了一款基于 Oculus Rift 虚拟现实 helmet、名为 *In the Eyes of the Animal* 的虚拟现实环境。这款 helmet 在造型上足够独特，模仿了自然生物形态的机壳外形，戴上它的人仿佛就是大自然中的一只小动物。将虚拟现实与自然生物的形态结合亦是一种创新，让体验者感受动物的视觉、听觉、嗅觉也是一种艺术的再现，这是一种艺术的装置，从界面设计到三维空间环境都是一种个人派画风主义，虚拟现实让人们与自然生物感同身受，感受自然界小生物的魅力。*In the Eyes of the Animal* 的取景是真实的环境，大部分图像和视频的采集来源是格里泽戴尔森林。以森林为主，打造自然界题材的虚拟现实环境是英国林业委员会的主意。通过虚拟现实技术再现森林的原始环境，人们能够更方便、更安全地亲近自然，感受环境中动物的生存状态，了解这些动物的行为方式和与人类的关系，更希望人们能够在体验之后懂得保护自然环境的重要性。其后，这家工作室便使用各种影像采集设备，比如高精度的激光雷达来全方位、多角度地采集森林的各种环境指标。工作人员会使用扫描仪将地表以及地上一定高度的环境整个记录下来，后期再利用计算机成像技术渲染成三维立体的动画。工作人员还充分发挥自己的主观能动性，在自己搭建的森林场景中加入一些其他来源的生物，这样弥补了森林中一些地方可视物种较少的缺陷，也能提升趣味性。

先通过图形化编程软件制作可视化引擎，营造虚拟现实环境所必须具备的图像和声音素材。为了模仿现实生活中人们听觉的双耳效应，工作人员还利用 Binaural Audio（双耳音频）技术给每一条音频进行场景设定，即当耳朵随着人的脑袋转变方向时，让这些声音产生的不同来源具有不同程度的响度。这样，在一个虚拟的场景中，不仅人们的视觉是三维的，人们的听觉也同样是立体的，这才能够使得虚拟环境更加逼真。

2.2.2 文博馆、景观主题与虚拟现实技术的融合与创新

当下各个博物馆、展览馆都在策划或已经实施了网上展示计划，有的已经取得了很好的社会影响力。例如，早在 2010 年上海世界博览会的部分展馆已开通网上漫游世博馆功能，这些功能是基于三维真实模型的扫描及纹理贴图、模型的重建并结合虚拟现实进行交互。

文博馆与虚拟现实技术的结合在众多影视作品中也有展示，如悬空显示的计算机屏幕、赛车类游行等，虽然影视作品中展示的都是后期特效制作的视觉效果，但是这些都是可以通过虚拟现实技术实现的。

当然，其中的技术是将信息投射到某个平面上，在不久的将来，人们也许通过距离感知设备并伸手点触眼前浮现的信息，处理图片。文化产品与虚拟现实的结合研究实质是通过应用了虚拟现实技术的移动应用，此应用可以通过识别实物展示的内容，调用相关的视频包，配合着摄像头拍摄到的图像跟用户进行一场"谋划好"的实时互动。

在景观、主题公园与虚拟现实结合研究的过程中，大连圣亚海洋公园鲸鱼馆借助全息投影技术展示海洋生物的进化过程，观者可以席地而坐，犹如漫步在海底世界，看众多鲸鱼如飞鸟一般在头顶飞过；山东民俗博物馆也借助全息投影技术展示上世界"闯关东"艰苦岁月的片段，让参观者、研究者犹如置身于真实世界的交互操作，这种交互体验将更大程度地展示景观主题，促进文化的传播与传承。

2.2.3 虚拟现实在游戏业的交互设计

由上述的介绍可知虚拟现实是一种新型模拟"体验"。也可以说，虚拟现实是让人置身于一个计算机图形技术创造的人为的三维空间环境的技术，这种技术可以运用于新媒体艺术的游戏行业，并且在游戏里面实现更有创意的交互方式。

互联网时代，计算机和信息技术的发展速度已经超乎人们的预期，图形图像处理技术的不断革新也给虚拟现实技术的发展打下了坚实的基础，使得贴近现实的虚拟场景能够很容易地运用光影成像技术来实现。人们在体验虚拟现实时，图像的立体感加上各种硬件设施的动作配合，使得人们不容易分清"虚拟"和"现实"世界，从侧面说明当前虚拟现实技术的发展已经十分成熟。

虚拟现实在实现过程中很重要的一个步骤就是虚拟环境的搭建，而搭建虚拟环境的关键在于成像。通常情况下，屏幕上展示的环境以户外和室内两类为主，包括草原、山地、餐厅和教室等。在这些环境中，简单的虚拟现实只是让人们仿佛置身其中，高端的虚拟现实技术还会在场景中创造可以和体验者交互的虚拟实体，这样的"现实"则更加逼真。

1. 游戏体感交互技术

在游戏时，除了游戏机制和游戏性之外，还有游戏交互环节。交互环节是可以和虚

拟现实紧紧相连的，比如虚拟交互平台下的虚拟现实体感赛车游戏，在佩戴好设备后，通过控制器、遥控器、手柄控制器等输入操作控制赛车的运行，并且与传统的赛车游戏有一种直观的区别，传统的赛车游戏缺少沉浸感，人与车是不同次元的存在，但是虚拟现实平台的赛车游戏会给你一个专属的"空间"，就好比你自己真的买了一辆车，并且开始驾驶，即使只是一种模拟，却极大地满足了玩家的感官体验，包括下坡的下坠感也是高度拟真。因此，虚拟现实给体验者带来的参与感和环境融入感是十分强烈的，人们不再需要众多的硬件输入设备来控制化身游戏中的"自己"，而是自己本身就处于眼前的环境中，用户想做出的动作和反应能够迅速发生，并且相当直接，这也是虚拟现实技术的核心造诣之一。

2. 动作捕捉技术

动作捕捉技术看似复杂，其实技术已经接近完善，其方法有多种，如使用众多的摄像头来捕捉玩家的动态从而实施游戏任务，在捕捉设备系统和计算机融合之后，通过对摄像头的图形进行二次处理和骨骼追踪，然后控制已设置的节点，和玩家的动作同步，达到追踪效果，进而完成动作捕捉。

3. 计算机中进行交互

在高端的虚拟现实中，体验者可以与环境中的虚拟实体交互。当可交互的虚拟实体种类很多时，为了辅助人们的交互和操作过程，有时需要额外的外设。这些辅助设备可能是植入各种声光传感器的、生活中常见的物体，如麦克风、拳套等，也可能是专门为虚拟现实技术而设计的装置，人们拿着这些带有传感器的输入设备，可以将想进行的动作成功地在虚拟的环境中实现。

4. 智能穿戴设备与虚拟现实技术的融合与创新

虚拟现实技术在教育领域也将发挥其可视性、趣味性、交互性的优势。虚拟现实技术对教育的影响可以归结为三点：知识可视化、实时交互性和超现实感官体验。

例如虚拟现实的数字绘本，不但可以达到寓教于乐的目的，还能够使学习内容三维化展示。随着移动设备和虚拟现实技术的结合，移动学习和自主学习成为现实。移动平台可以将景观展示、印有插图的纸质图书中的二维内容通过互动形式来实现对应三维内容的生动展现。

2.2.4 意义与展望

在梳理文化产品的传承与传播现状时，结合虚拟现实技术的核心思路和技术特点，文化产品的保护和传承日益受到关注。随着各国对文化软实力提升的重视，以及借助现代科技将两者结合创新，将视频、音频、气味、触觉与现实进行交互，并通过具体的案例分析如何将文化产品与虚拟现实技术相互创新融合，从而为我国本土文化资源的保护和向外传播提供理论依据。

虚拟现实技术平台给予更多的设计师和技术人员开拓的机会，更是给了现代人一种新的娱乐方式。尽管虚拟现实系统并不完善，尽管这个门槛相对商业化的产品来说还是高了一些，当艺术设计和这种科技结合时，这个媒介性质悄然发生了变革，变得更贴近自然和生活。因此，虚拟现实不仅仅只是视觉技术上的变革，也是对在低科技平台实现传统艺术不能表达的情感和事物的重构。相信在不久的将来，虚拟现实技术会对艺术行业的发展产生深远影响。

正如国学大师王国维在《人间词话》中将艺术的境界分为"有我之境"与"无我之境"两类，虚拟现实技术将带领人们重新体验"不知何者为我，何者为物"。

2.3　虚拟现实带来全新的创客理念

以移动互联网、云计算、物联网、大数据等为代表的新一代信息技术，正在推动全社会各领域的深刻变革，国际化、信息化、网络化、个性化逐渐成为新世纪的"标记"，引领数字化时代的到来。互联网及诸多新技术，如 3D 技术、开源软/硬件等的兴起，除了加速行业形态的升级改造外，也在对教育创新改革产生实质性的影响。《国家中长期教育改革和发展规划纲要（2010—2020 年）》明确指出："信息技术对教育发展具有革命性影响，必须予以高度重视。"信息化为我国教育的改革和发展带来重大机遇与挑战。为积极推动信息技术与教育融合创新发展，积极探索新技术手段在教学过程中的应用，《关于"十三五"期间全面深入推进教育信息化工作的指导意见》指出，要"有效利用信息技术推进'众创空间'建设，探索创客教育、STEAM 教育等新教育模式，使学生具有较强的信息意识与创新意识"。因此，创客教育越来越受到包括我国在内的各国政府的高度重视。

2.3.1　创客教育

"创客"一词来源于英文单词"Maker"，狭义上指的是出于兴趣与爱好，通过科学的工具或方式，把具备相当技术挑战的各种创意转变为现实的人。创客精神和教育的碰撞，衍生出了创客教育的概念，创客教育来源于创客运动。创客教育是创客文化与教育的结合，提倡开发创意，通过软硬件将创意实现制成具体物品，从软件 Scratch 编程到开源硬件的电子理论与实操，以及 3D 打印机、机器人的构造和组装等多个维度分别设置基础、中级、高级课程，训练学员创造力、知识技能和探索能力。例如，用 3D One 设计出 3D 模型然后再 3D 打印出来、利用软硬件编程制作出电子物件等。

创客运动可以理解为"互联网+DIY"，指人人都可以像科学家、发明家一样，利用身边的一切资源（如软件、硬件、材料、专家、同伴等），将自己的创意变成现实，并通过互联网平台快速分享给全世界。

全球创客运动的蓬勃发展为教育的创新改革提供了新的契机。"创客教育"是创客文化与教育的结合，基于学生兴趣，以项目学习的方式，使用数字化工具，倡导造物，鼓励分享，培养跨学科解决问题能力、团队协作能力和创新能力的一种素质教育。

创客教育是一种融合信息技术，集创新教育、体验教育、项目学习等思想为一体，秉承"开放创新、探究体验"教育理念，以"创造中学"为主要学习方式和以培养各类创新型人才为目的的新型教育模式。创客教育具有无限价值潜能，它契合了学生富有好奇心和创造力的天性，将对个体发展、课程改革、教育系统变革以及国家人才战略产生重大影响。

在欧美国家，"创客教育"已经渗透到日常教育中，很多学校都设置了专门的创客课程，并开设学生"创客空间"，为学生提供"让想象落地"的平台。"创客空间"作为促进基础教育学习变革的数字策略之一，促进当前学校教育回归到真实世界的学习。"创客空间"或者"创客教育"是真实世界的学习活动之一。

2.3.2　STEAM 教育

STEAM 教育和创客教育是在全球日益盛行的教育创新模式，是信息技术与教育融合产生的新教育模式，所培养的创新人才将成为国家竞争力的重要因素。STEM 教育，即科学（Science）、技术（Technology）、工程（Engineering）和数学（Maths），是一种"后设学科"，基于不同学科之间的融合，将原本分散的学科形成一个整体。有别于传统的单学科、重书本知识的教育方式，是一种重实践的超学科教育理念。其课程种类繁多，市场上主要以机器人教育、自然科学、儿童编程教育为主。这是一种典型的素质教育模式。受美国 STEM 教育的影响以及面对全球科技竞争加剧的压力，世界各国开始积极推动 STEM 教育。后来将艺术学科也纳入 STEM 教育的范畴，从而形成了 STEAM 教育，旨在共同培养学生的科学思维和艺术思维。

创客教育和 STEAM 教育的相似性主要体现在二者都属于跨学科教育，需要将原本孤立的学科进行有机整合。教学设计上都基于问题导向（Problem-based Learning）或项目导向（Project-based Learning）学习模式。而创客教育的核心是创造，它会涉及不同的学科知识，创客教育具有更明确的目的性和实施路径。创客教育是落实创新教育的具体方法和途径，作为实施手段实现学生源源不断的创意，有效培养青少年的创新精神、创新能力和创新人格，弥补了传统教育忽略兴趣和动手能力的缺陷。

2.3.3　虚拟现实带来全新的创客理念

《教育部教育装备研究与发展中心 2017 年工作要点》指出：积极探索新理念、新方式，加强教育装备发展趋势研究，持续关注创客教育和 STEM 教育等对教育、课程发展的影响，开展移动学习、虚拟现实、3D 打印等技术在教育教学中的实践应用研究。虚拟现实如何与创客教育融合也成为 2018 新型信息化教育的重点发展方向。

随着 STEAM 教育概念在国内的走红，重视学生创客能力培养已经成为绝大多数学校的共识，各地经过几年来的推进和发展，创客教育已进入爆发期。而随着虚拟现实时代的到来，虚拟现实与创客教育会迸发更多的火花。

1. 虚拟现实创客教育开发引擎——XRmaker

虚拟现实创客教育开发引擎软件——XRmaker，基于这一引擎软件，组合了三大创客空间解决方案，将人工智能、智能机器人、无人机（空中机器人）、智能汽车、3D 打印技术、4D 打印技术、虚拟与增强现实技术、物联网技术、开源软硬件、数控机床、激光切割机、Scratch 创意编程、可穿戴设备、虚拟现实头盔、手机和计算机等创客硬件进行打通，实现了创客教育工具的大融合，同时还能实现低成本的虚拟创客教育，解决了虚拟现实技术在创客教育中应用的难题。

XRmaker 是基于类 scratch 语言、专门针对虚拟现实创客教育开发的引擎工具，它将复杂的建模、编程过程简化创新，让没有专业编程知识的人，也能轻松制作 XR（包括虚拟现实、增强现实、MR 等）内容，通过 XRmaker 开发出来的成果可以在计算机、手机和各种虚拟现实设备、无人机、3D 打印机等多平台上运行和输出程序，实现低成本、高效率的虚拟现实创客。按照这一开发逻辑和应用方向，XRmaker 非常适合创客教育。

另一方面，成本太高的创客工具肯定是不适合我国国情的，既要推动学生创造力的真正培养，融合高科技，又要为学校控制成本，这是现阶段虚拟现实教育企业的社会责任。

2. 虚拟现实创新科普创客教育的体验方式

越来越多的虚拟现实创新教育模式涌现，走进校园。可见，虚拟现实技术在创客教育的加持作用，在科普教育中也应用广泛。虚拟现实/增强现实技术让本来繁杂、平面化的自然科学、社会科学知识，以场景化的形式立体展现，让学生在身临其境中增强同理心，加深印象，在互动中激发学习兴趣。

通过可编程主板、3D 打印甚至是虚拟现实这些高精尖技术产品，结合创客教育理念，让学生对自己的创客作品进行创新设计和演讲展示。

以创客教育为出发点，结合表演赛和创客挑战赛内容，也正是一个非常好的展示创客教育成果的窗口。通过创客挑战赛带来的全新比赛项目，从教师到学生都会进行深度创客教育培养，打造具有创客精神的新一代人群。通过人人可以参与、鼓励将创意变成行动的普及性创新竞赛行动，创客教育弥补了传统教育忽略兴趣和动手能力的缺陷。

虚拟现实技术恰到好处地利用艺术和科技融合的创新方式来推动具有文化价值和社会价值的项目。

3. 创客教育将学生从知识的消费者转换为创造者

在教育领域，创客意味着知识传播方式的转变，具有一定的颠覆性质。在未来高校学生将从知识的消费者转换为创造者，而创客教育在这个转变中将起到重要的作用。

在国内，"创客教育"这个词代表的是一系列让学生可以利用智能硬件进行创作的教育实践。这项工作与过去的"科技发明"不同，不是集中在少数精英身上，而是一个普及的过程。让任何有兴趣的青少年都能参与，仅仅是因为兴趣，而不是过去的那种追求卓越。

"这是非常富有魅力的一种体验，同样是玩机器人、造物，不同的是以兴趣为出发点，可以模仿，可以微创新，可以做有趣而'没用'的东西，而不是以科技突破和发明为出发点。"

通过提供开源硬件、数字生产等工具，让孩子发挥创意的课程是一种全新的教育实践。过去，老师只是"传授"知识，如今要和孩子一起学习如何创造知识，让创意快速成型落地，面临很大挑战。

例如，通过提供 3D 打印、机器人、虚拟现实课堂等创客教育服务，在 3D 打印及创客教育方面去探索理论和实践经验。3D 打印作为创客教育的重要组成部分，需要从理念和实践方面积极总结经验，促进教师教学理念和教学方式的进步，继而提高课堂的教学质量，提升学生的科学素养、创新思维能力和动手能力。

随着社会发展的需要，基于生活、兴趣而非唯书本是论的自主学习，将越来越重要。创客教育适应了这种时代需求，教师不是向学生讲解事实性知识、解释概念性知识或展示原理，而是激发学生创造的激情，培养学生的设计思维、原型制作与测试能力。

虚拟现实促进一个新的教育的创新，需要有一大批教师作为教育创客来撬动，如果每位老师都可以成为教育创客，以创客空间为基点来培育创客文化，开展创客教育，这样整个的教育创新就可以运转起来。创客运动的开展与老师成为教育创客是相辅相成、同步发展的。

4. 创客教育建设任务

在教育专家眼中，我国的创客教育才刚刚起步。一直以来，我国青少年擅长掌握书面知识和考试方法，缺少动手方面的训练。要扭转这个局面，让学生因兴趣而主动学习，还需要很多努力。

业内人士认为，应采取多种方式鼓励创客教育发展。政府主管部门应探索建立学校及教师创客教育课程开源共享机制，鼓励学校和教师不断开展创客教育课程的研发创新活动；探索以政府购买服务的形式，面向社会征集优秀创客教育开源课程，以鼓励、调动社会优质资源单位参与创客教育课程资源的创新。

"创客教育不仅是一个课程，更是建立一种全新的思维方式：开源、分享、跨界。"高凯充满信心地说，"创客教育让更多的学生主动获得知识，培养创新精神。具体需要在以下各方面做改变。

（1）学校创客空间与团队创客空间实践场所建设。

（2）互联网+线上创客教育平台建设。

（3）互联网+创客教育优秀案例。

（4）开发创客教育教学资源及教材。

（5）培养一批优秀创客教育师资团队。

（6）创客教育培养学生实践创新能力。

（7）创客教育理念与常规课程整合，探索创造性学习的教学方式和教学模式。

（8）建立创客联盟，开展创客分享展示活动机制。

（9）创客教育的评价体系。

在内容方面也需要研究和开发：

（1）对创客课程标准以及资源的研究，开发适合创客教育的教学资源及教材。

（2）对创客培养的教学策略研究，包括教学环境、教学目的、教学方法以及对象的教学设计方案进行探索和研究，设计出基于问题的学习或项目的案例教学设计。

（3）对创客空间的建设方案以及管理运营方案的研究，能够在保证教学效果的前提下，使创客教育得到保障和持续发展。线上创客教育平台的建设也可以弥补创客教育实施上时空的限制，为学生拓展创造的空间、提供灵活的学习选择。

（4）对培养创客教育教师队伍的研究。对创客的教育者在教学方法和 STEAM 各领域应具备的知识和素养、培养模式进行研究。加强对信息技术等学科的教师进行培养，为创客教育开展提供人员保障。

（5）对学校推动创客发展的策略研究。学校创客文化、创客产品孵化等支持研究。

（6）对创客教育的评价研究。包括创客应该具备的能力素养结构以及创客教学的评价指标体系和评价方法的研究，为创客教育提供正确的导向和激励。

创客教育在新兴科技和互联网的发展大背景下，以信息技术的融合为基础，传承体验教育、项目学习法、创新教育、DIY 理念的思想的创新教育，为学校提供一个适应未来的开放式的创新人才培养方式。重点从以下几方面创新创客教学法：

（1）创意：培养学生的想象力、创造精神。

（2）设计：学生把创意转化为具体项目的设计。

（3）制作：学习和使用工具到小组协作，动手将设计制作成产品。

（4）分享：从个体认知到集体认知、集体智慧形成。

（5）评价：过程性评价，关注学习过程、创新精神和科学方法论。

开展创客教育，通过跨学科、跨专业的综合学习，由浅入深参与不同难度的创客学习项目，创造性地运用各种技术和非技术手段，实现在团队协作、创新问题解决能力和专业技能等多方面的成长，实现跨专业、跨领域的"做学教一体化"。

创客运动与教育的融合正在慢慢改变传统的教育理念、模式与方法，创客教育应运而生。在创客教育中，学生将被看作是知识的创作者而不是消费者，学校正从知识传授的中心转变成以实践应用和创造为中心的场所。学生将在学校的创客空间设计制作，发挥创造才能。从这个意义上看，创客运动将成为学习变革的下一个支点。

2.4　虚拟现实开发引擎及 Unity3D 开发设计

2.4.1　各种虚拟现实开发引擎比较

1. VirTools

VT 起初定义为游戏引擎，但后来却主要用作虚拟现实。VT 扩展性好，可以自定义功能（只要会编程），可以接外设硬件（包括虚拟现实硬件），有自带的物理引擎，互动几乎无所不能。其制作类似于 WF 或 EON，但它的模块分得很细，所以自由度很大，可以制作出前两者所不能达到的功能。VT 支持 Shader（虽然有限制），效果很好，可以制作任何领域的作品。由于网络插件有功能限制，所以在网络上，功能制作会稍微受限，单机则无限制。VT 接近于微型游戏引擎，互动性强大，被认为是功能最强大的元老级虚拟现实制作软件，学习资料也较多，它有着广阔的应用前景。

2. Quest3D

Quest3D 也是元老级的软件，曾经的 DEMO 让许多人惊艳，它属于节点式的操作，比较强大。Quest3D 透过稳定、先进的工作流程，处理所有数字内容的 2D/3D 图形、声音、网络、数据库、互动逻辑及人工智能。使用 Quest3D，可以不费太大的工夫，建构出属于自己的实时 3D 互动世界。在 Quest3D 里，所有的编辑器都是可视化、图形化的。真正所见即所得，实时见到作品完成后执行的样子。使用者可更专注于美工与互动，而不用担心程序错误及 Debug。Quest3D 由 Act-3D 公司开发，是其头号图形产品。

3. UNITY3D

Unity 制作的作品画面质量确实够好，DEMO 的高质量得到不少人的认可，有几个互动性游戏式的作品，也可以说明 UNITY 是有很强的互动性的。有强大的地形绘制器，这个是比较有吸引力的，浏览插件大概 3MB 左右，但是运行于 MAC 系统上，所以用的人比较少。

4. TURNTOOL

虚拟现实制作软件 TURNTOOL 在展示方面比较擅长，画质和国内的 WEBMAX 差不多。中文参考资料还是比较少，英语好的朋友可以去 TT 的官方论坛看英文教程。它可以插件的方式嵌入 3ds Max 里，导出比较简易，也是为数不多的轻量级 Web3D 软件，浏览插件在 800 KB 左右。

5. GLUT—OpenGL Utility Toolkit

GLUT 是一个与操作系统无关的 OpenGL 程序工具库，它实现了可移植的 OpenGL 窗口编程接口，GLUT 支持 C/C++、Fortran、ADA，支持 OpenGL 多窗口渲染、回调事件处理、复杂的输入设备控制、计时器、层叠菜单、常见物体绘制函数、各种窗口管理函数等。GLUT 不是一个全功能的开发包，并不适合大型应用的开发，它只为中小应用而设计，特别适合初学者学习和应用，入门相对容易。

6. SGI OpenGL Peformer

SGI 公司是业界的领导厂商之一，在实时可视化仿真或其他对显示性能要求较高的专业 3D 图形应用领域里，OpenGL Performer 为创建此类应用提供了强大而容易理解的编程接口。Performer 可以大幅度减轻 3D 开发人员的编程工作，并可以提高 3D 应用程序的性能。它的软件模块对数据的组织和显示做了广泛的优化。

OpenGL Performer 是 SGI 可视化仿真系统的一部分。它提供了访问 Onyx4 UltimateVision、SGI Octane、SGI VPro 图形子系统等 SGI 视景显示高级特性的接口。Performer 和 SGI 图形硬件一起提供了一套基于强大的、灵活的、可扩展的专业图形生成系统。Performer 已经被移植到多种图形平台，在使用的过程中，用户不需要考虑各种平台的硬件差异。

在试用的过程中发现，OpenGL Performer 的通用性非常好，它并不是专门为某一种视景仿真而设计，API 功能强大，提供的 C 和 C++接口相当复杂。除了可以满足各种视景显示需要，它还提供美观的 GUI 开发支持。

7. Quamtum3D OpenGVS

OpenGVS 是 Quantum3D 公司的早期成功的产品，用于场景图形的视景仿真的实时开发，易用性和重用性较好，有良好的模块性、巨大的编程灵活性和可移植性。OpenGVS 提供了各种软件资源，利用资源自身提供的 API，可以很好地以接近自然和面向对象的方式组织视景并进行编程，来模拟视景仿真的各个要素。OpenGVS 的较新版本为 4.6，支持 Windows 和 Linux 等操作系统。

由于 Quamtum3D 已经收购了 CG2，而 OpenGVS 又是基于 C 的架构，对 OpenGVS 的后续开发投入不足，Quamtum3D 可能把战略眼光投放在 VTree 和 Quantum3D IG（整套解决方案 Mantis）上。

8. Quamtum3D Mantis

Mantis 系统是 Quamtum3D 推出的一整套视景仿真解决方案。Mantis 系统作为一种图形生成器开发平台，使用现有计算机和图形硬件，可以得到高效率、高性能、高帧速，以及较好的图形质量。CG2 公司的 VTree 是实时 3D 可视化仿真的首选开发包，已经为美国国防部投入了多年的研究和开发工作。Mantis 合并了 VTree 开发包和可扩展图形生成器架构，从而创造了强大的、可伸缩的、可配置的图形生成器。重要的特征如下：

（1）跨平台：Mantis 可以在 Windows 和 Linux 等多种操作系统上运行。

（2）公共接口：Mantis 支持分布式交互仿真（DIS），也支持更现代的公共图形生成接口（CIGI）。

（3）Mantis 支持许多高级特性，包括同步的多通道各种特效，如仪表、天气、灯光、地形碰撞检测等。

（4）可伸缩性：多线程可视化仿真应用可能有多种多样的显示需求，Mantis 可以根据需要进行器件的裁减。

（5）灵活性和可配置性：Mantis 作为一个开放系统硬件平台，可以利用新的硬件和图形卡，而基于客户端/服务器端的架构，又可以使 Mantis 的配置通过网络在客户端上进行配置，功能极为丰富。

（6）可扩展性：不像传统的硬件图形生成器，Mantis 系统的扩展和修改并不昂贵，软件模块可以通过插件的形式增强软件功能；Mantis 支持地形数据库，支持场景管理。

9. MultiGen—Paradigm Vega

Vega 是 MultiGen-Paradigm 公司应用于实时视景仿真、声音仿真和虚拟现实等领域的世界领先的软件环境。使用 Vega 可以迅速地创建各种实时交互的三维环境，以满足各行各业的需求。它还拥有一些特定的功能模块，可以满足特定的仿真要求，如船舶、红外、雷达、照明系统、人体、大面积地理信息和分布式交互仿真等。附带的 Lynx 程序，这是一个用来组织管理 Vega 场景的 GUI 工具。

MultiGen Creator 系列产品是实时三维数据库生成系统，它可以对战场仿真、娱乐、城市仿真和计算可视化等领域的视景数据库进行产生、编辑和查看。这种先进的技术由包括自动化的大型地形和三维人文景观产生器、道路产生器等强有力的集成选项来支撑。MultiGen Creator 是一个完整的交互式实时三维建模系统，众多选项增强了其特性和功能。

MultiGen-Paradigm 公司用 Vega Prime 取代 Vega，Vega Prime 全部用 C++写成，是全新的产品，而不是 Vega 的后续版本，虽然在功能上没有大的提高，但是 Vega Prime 的核心 Vega Scene Graph 是完全面向对象的先进架构，采用了许多现代 C++的特性和技术，如泛型、设计模式等，大大增加了软件功能及其灵活性、通用性；此外，大部分程序员都有面向对象编程经验，Vega Prime 提供的接口恰好符合其编程思维，易于上手，因此特别有吸引力。Vega Prime 有很好的发展前景，但是有的方面还不够成熟。

10. OpenSceneGraph（OSG）

OSG 是一个可移植的、高层图形工具箱软件包，它为战斗机仿真、游戏、虚拟现实或科学可视化等高性能图形应用而设计。它提供了基于 OpenGL 的面向对象的框架，使开发者不需要实现、优化低层次图形功能调用，并提供了很多附加的功能模块来加速图形应用开发。

OSG 通过动态加载插件的技术，广泛支持流行的 2D、3D 数据格式，包括 OpenFlight (.flt)、TerraPage (.txp.多线程支持)、LightWave (.lwo)、Alias Wavefront (.obj)、Carbon Graphics GEO (.geo)、3D Studio MAX (.3ds)、Peformer (.pfb)、Quake Character Models (.md2)、Direct X (.x)、Inventor Ascii 2.0 (.iv)、arML 1.0 (.wrl)、Designer Workshop (.dw)、AC3D (.ac)以及 .rgb、.gif、.jpg、.png、.tiff、.pic、.bmp、.dds、.tga 和 Quicktime。另外，还可通过 freetype 插件支持一整套高品质、反走样字体（英文）。OSG 内含 LADBM 模块，加载大地形速度较快，帧速率高，在运行过程中占用计算机资源较少。

OSG 是自由软件，公开源码，完全免费，用户可自由修改，以进一步完善功能。已经有很多成功的基于 OSG 的 3D 应用，效果不亚于商业视景渲染软件。如果要自主开发视景渲染软件，OSG 是最佳的基础架构选择。

11. CG2 VTree

CG2 VTree 是一个面向对象，基于便携平台的图像开发软件包（SDK）。前面提到 Mantis 系统的强大功能，其中一个重要原因是 Mantis 的软件部分主要基于 VTree。VTree SDK 包括大量的 C++类和压缩抽象 OpenGL 图形库、数组类型及操作的方法。VTreeSDK 功能强大，能够节省开发时间，获得高性能的仿真效果。利用此工具包开发者可充分展开想象力，置身于鲜活的虚拟世界中，如战场战术的实现、探索火星表面的过程等。对于希望得到跨平台、高性能、低成本、可实时响应虚拟仿真应用，VTree 无疑是最佳选择。

CG2 设计、优化了代码，使得在同一硬件上得到更快的实时显示速度变成可能。VTree 能用于多平台的三维可视化应用，它既可用在高端的 SGI 工作站上，也能用在普通 PC 上。VTreeSDK 是开发交互式仿真应用优秀开发包，包含一系列的配套 C++类库适用于开发高品质、高效的 VTree 应用。VTree 提供的扩展功能成功地兼容并融合了复杂的 OpenGL-API 接口。VTree 应用可运行于支持 OpenGL 的 Windows 和 UNIX 类型的平台。

VTree 显示效率非常高，实际使用过程中给人感觉是非常快的。其原因一方面在于 VTree 全新设计和优化的程序代码，另一方面在于 VTree 显示控制的策略。VTree 生成和连接不同节点到一个附属于景物实体的可视化树状结构，这个可视化树状结构定义了如何对实体进行渲染和处理。一个实体由一个所有图形原始状态组成的渲染树和定义如何使实体显示的接合部分所组成。实体的渲染树包含所有这些实体的几何特性、运动特性和纹理节点。这些树状结构对于实体的细节描述能变得非常精细，并且通过不同的路径能够显示用于优化的不同的细节等级划分（LOD）。

VTree 针对仿真视景显示中可能用到的技术和效果，如仪表、平板显示、雷达显示、红外显示、雨雪天气、多视口、大地形数据库管理、3D 声音、游戏杆、数据手套等，均有相应的支持模块。VTree 开发包附带案例代码，结构清晰，功能实现全面，用户容易在阅读案例代码的基础上开发自定义应用。

12. 虚拟现实 P 平台

这是中国本土大型引擎，中视典公司的力作。经过了好几代的升级，已经支持一些 HDR 运动模糊之类的效果。它的定位比较明确：房地产，如果用它来制作房地产作品，可以基本自动地完成一个很好的地产作品。网络插件与专用物理引擎等也许可以弥补一些功能上的不足，这样就可以扩大其应用领域。

13. Crysis

听名字大家都知道,孤岛危机,与 UDK 一样也是游戏引擎。因为包含地图编辑器(名字是 SandBox),但其画面效果细腻而逼真,所以也有人拿它来做房地产之类的虚拟作品。

2.4.2 Unity3D 开发引擎的特点

虚拟现实是通过 Unity3D 开发引擎,结合其他语言基础做出来的效果,也就是说,学会 Unity3D 开发引擎,可以从事虚拟现实相关的工作。简单来说,Unity3D 开发引擎是工具,虚拟现实是结果。

全球已超过九十万名开发者使用 Unity3D,而且作品数量不断与日俱增,尤其在 App Store 内有超过 1 500 种移动平台游戏以及横跨许多国家上百个网页游戏都是以 Unity3D 为平台所开发的。

Unity3D 开发引擎的产品特点有:

1. 支持多种格式导入

整合多种 DCC 文件格式,包含 3ds Max、Maya、Lightwave、Collade 等文档,可直接拖动到 Unity 中,除原有内容外,还包含 Mesh、多 UVs、Vertex、Colors、骨骼动画等功能,提升游戏制作的资源应用。

2. AAA 级图像渲染引擎

Unity 渲染底层支持 DirectX 和 OpenGL。内置的 100 组 Shader 系统,结合了简单、易用、灵活、高效等特点,开发者也可以使用 ShaderLab,建立自己的 Shader。先进的遮挡剔除(Occlusion Culling)技术以及细节层级显示技术(LOD),可支持大型游戏所需的运行性能。

3. 高性能的灯光照明系统

Unity 为开发者提供高性能的灯光系统,动态实时阴影、HDR 技术、光羽和镜头特效等。多线程渲染管道技术将渲染速度大大提升,并提供先进的全局照明技术(GI),可自动进行场景光线计算,获得逼真细腻的图像效果。

4. NVIDIA 专业的物理引擎

Unity 支持 NVIDIA PhysX 物理引擎,可模拟包含刚体和柔体、关节物理、车辆物理等。

5. 高效率的路径寻找与人群仿真系统

Unity 可快速烘焙三维场景导航模型(NavMesh),用来标定导航空间的分界线。在 Unity 的编辑器中即可直接进行烘焙,设定完成后即可大幅提高路径找寻(Path-finding)及人群仿真(Crowd Simulation)的效率。

6. 友善的专业开发工具

包括 GPU 事件探查器、可插入的社交 API 应用接口,以实现社交游戏的开发;专业级音频处理 API、为创建丰富逼真的音效效果提供混音接口。引擎脚本编辑支持 Java、C#、Boo 三种脚本语言,可快速上手并自由地创造丰富多彩、功能强大的交互内容。

7. 逼真的粒子系统

Unity 开发的游戏可以达到难以置信的运行速度,在良好的硬件设备下,每秒可以运算数百万面以上的多边形。高质量的粒子系统,内置的 Shuriken 粒子系统可以控制粒子颜色、大小及粒子运动轨迹,可以快速创建下雨、火焰、灰尘、爆炸、烟花等效果。

8. 强大的地形编辑器

开发者可以在场景中快速创建数以千计的树木、百万的地表岩层以及数十亿的青青草地。开发者只要完成 75%左右的地貌场景,引擎可自动填充优化完成其余的部分。

9. 智能界面设计,细节凸显专业

Unity 以创新的可视化模式让用户轻松构建互动体验,提供直观的图形化程序接口,开发者可以玩游戏的形式开发游戏,当游戏运行时,可以实时修改数值、资源甚至是程序,高效率开发,拖动即可。

10. 市场空间

iOS、Android、Wii、Xbox360、PS3 多平台的游戏发布。仅需购买 iOS Pro 或 Android Pro 发布模块就可以在 iPhone 或 iPod Touch 或 Android 系统等移动终端上创建任何时尚的二维/三维、多点触控、体感游戏,随后可将游戏免费发布到自己的移动设备上测试运行,增添修改的方便性。

11. 单机及在线游戏发布

Unity3D 支持从单机游戏到大型联网游戏的开发,结合 Legion 开发包和 Photon 服务器的完美解决方案,轻松即可创建 MMO 大型多人网络游戏。在开发过程中,Unity3D 提供本地客户(Native Client)的发布形式,使得开发者可以直接在本地机器进行测试修改,帮助开发团队编写更强大的多人连线应用。

12. Team License 协同开发系统

Team License 可以安装在任何 Unity 里,新增的界面可以方便地进行团队协同开发。避免不同人员重复不停地传送同样版本的资源至服务器,维持共用资源的稳定与快速反应其中的变化,过长的反应更新时间将会影响团队协同开发的正确性与效率。

13. 可视化脚本语言 U

可视化脚本编辑语言 U,具有高度友好的界面、整合性高、功能强大、修改容易等特点。开发者只要将集成的功能模块用连线的方式,通过逻辑关系将模块连接,即可快速创建所铸脚本功能,非常适合非编程人员与项目制作使用。

14. Substance 高写真动态材质模块

Substance 是一个功能强大的工具,通过任何的普通位图图像,直接生成高品质的游戏设计专用材质(如法线图、高度图、反射贴图等),为 DCC 工具或游戏引擎(如 Unity3D 等)提供高级的渲染效果。

在 Unity3D 强大的技术支持下,虚拟现实的效果是可以轻而易举实现的,其中人机交互技术是密不可分的组成部分,人机交互技术主要研究方向有以下两方面:人如何命令系统;系统如何向用户提供信息。

2.4.3 Unity3D 开发设计介绍

模拟与训练为虚拟现实提供了广阔的应用前景，利用虚拟现实技术，可模拟零重力环境，以代替现在非标准的水下训练宇航员的方法。虚拟现实不仅仅是一个演示媒体，而且还是一个设计工具。它以视觉形式反映了设计者的思想，虚拟现实可以把这种构思变成看得见的虚拟物体和环境，使以往只能借助传统的设计模式提升到数字化的所看即所得的完美境界，大大提高了设计和规划的质量与效率。

1. Unity3D 平台简介

Unity 是由 Unity Technologies 开发的一个让用户轻松创建诸如三维视频游戏、建筑可视化、实时三维动画等类型互动内容的多平台的综合型游戏开发工具，是一个全面整合的专业游戏引擎。Unity 类似于 Director、Blender Game Engine、VirTools 或 Torque Game Builder 等利用交互的图形化开发环境为首要方式的软件，其编辑器运行在 Windows 和 Mac OS X 下，可发布游戏至 Windows、Mac、Wii、iPhone、Windows Phone 8 和 Android 平台。利用 Unity Web Player 插件可发布网页游戏，支持 Mac 和 Windows 平台的网页浏览。它的网页播放器也被 Mac Widgets 所支持。

据不完全统计，国内有 80% 的 Android、iPhone 手机游戏使用 Unity3D 进行开发，如手机游戏《神庙逃亡》（见图 2-13）就是使用 Unity3D 开发的，还有《纵横时空》《将魂三国》《争锋 Online》《萌战记》《绝代双骄》《蒸汽之城》《星际陆战队》《新仙剑奇侠传 Online》《武士复仇 2》《UDog》等上百款网页游戏都是使用 Unity3D 开发。

图 2-13

当然，Unity3D 不仅只限于游戏行业，在虚拟现实、工程模拟、3D 设计等方面也有着广泛的应用，国内使用 Unity3D 进行虚拟仿真教学平台、房地产 3D 展示等项目开发的公司非常多。绿地地产、保利地产、中海地产、招商地产等大型的房地产公司的三维数字楼盘展示系统很多都是使用 Unity3D 进行开发，如《Maya 家装》《飞思翼家装设计》《状元府楼盘展示》等。

有数据显示：国内 53.1% 的人使用 Unity3D 进行游戏开发，有 80% 的手机游戏使用 Unity3D 开发，跨多平台（见图 2-14，iOS、Android、Windows Phone、Windows、Flash、XBOX360、PS3、Wii 等）游戏引擎，可以开发 2D、2.5D、3D 游戏。App Store 中有超过 1 500 款用 Unity3D 开发的游戏，而 Unity3D 语言有 C#、JavaScript（不是原生的 JavaScript）。

因此，可以说 Mono 让开发人员进入了跨平台服务器的 Web 开发时代，Unity3D 则让程序员们赶上了移动手游开发的浪潮。

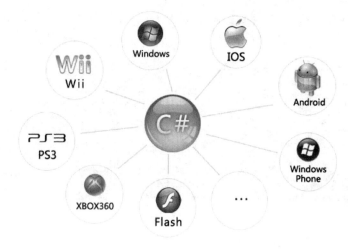

图　2-14

2．Unity3D IDE 简介

Unity（http://unity3d.com/，见图 2-15）提供免费的软件下载，安装程序版本更新较快，提供收费的专业版、免费版本以及 30 天的试用版，一般初学者使用免费版就可以。下载完成后，即可安装，安装步骤根据提示单击"下一步"按钮，可根据需要安装组件：Examples、Web Player 以及 Mono Developer，推荐安装 Mono Developer 组件。

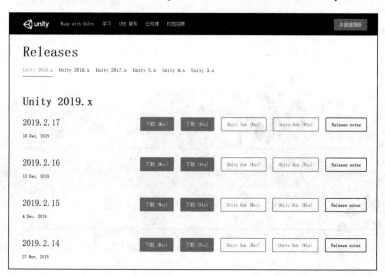

图　2-15

软件安装完成并且注册之后，用户就可以进入图 2-16 所示的界面。在新建 Unity3D 项目时，一定要将文件保存在非中文命名的路径中。另外，每次在创建新项目时，Unity3D 都会自动重启，这属于正常现象。

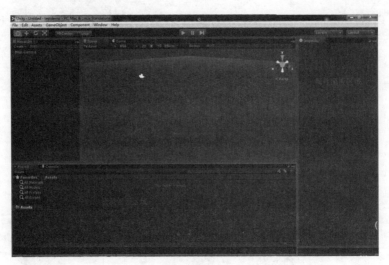

图 2-16

3. 第一个 Unity3D 程序——Hello Cube

（1）在模型对象区域 Hierarchy 中创建一个 Cube 立方体（见图 2-17），在 Inspector 中 Position XYZ 属性均设置为 0。

（2）Unity3D 场景默认是没有光照源的，因此需要在 Hierarchy 中创建一个 Directional light（平行光）。

（3）修改 Main Camera（摄像机看到的就是屏幕看到的）的 Position 为（0，1，-5），这样看起来更清楚。

图 2-17

（4）在项目资源管理器创建一个 C# Script，命名为 Cube Control（见图 2-18）。创建完成之后，双击该脚本文件，自动进入 Mono Developer（默认是 Mono Developer，当然也可以使用 Visual Studio 作为默认编辑器）。

图 2-18

（5）在 Mono Developer 中，写入以下代码。这个代码主要是判断用户的按键操作，如果是上、下、左、右操作，则对指定的对象进行指定方向的翻看。主要写在 Update 方法中，程序的每一帧都会调用 Update()方法，1 秒默认 30 帧。代码如下：

```
UsingUnityEngine;
usingSystem.Collections;
public class CubeControl : MonoBehaviour{
    // Use this for initialization
```

```
// Unity3D 中常用的几种系统自调用的重要方法
// 首先，有必要说明一下执行顺序：
// Awake--Start--Update--Fixedupdate--Lateupdate--OnGUI--Reset--
onDisable--onDestory
// Start 仅在 Update()函数第一次被调用前调用
void Start(){
    }
    // Update is called once per frame
void Update(){
    //按键盘上的上下左右键可以翻看模型的各个面[模型旋转]
    // 上
    if(Input.GetKey(KeyCode.Uparrow))
    {
        transform.Rotate(Vector3.right*Time.deltaTime*10);
    }
    // 下
    if(Input.GetKey(KeyCode.Downarrow))
    {
        transform.Rotate(Vector3.left*Time.deltaTime*10);
    }
    // 左
    if(Input.GetKey(KeyCode.Leftarrow))
    {
        transform.Rotate(Vector3.up*Time.deltaTime*10);
    }
    // 右
    if(Input.GetKey(KeyCode.Rightarrow))
    {
        transform.Rotate(Vector3.down*Time.deltaTime*10);
    }
}
```

（6）将保存后的 Cube Control 拖动到模型对象区 Hierarchy 中的 Cube 上进行脚本绑定。绑定脚本和对象之后，在 Cube 的属性如图 2-19 所示。（脚本需要对应到一个具体的游戏对象才有意义）

图 2-19

（7）预览创建的第一个程序，单击图 2-20 中所示的播放按钮，即可进入模拟器看到效果。这时，通过按键盘中的上、下、左、右键，Cube 立方体会随着按动翻转。至此，第一个 Unity3D 程序——Hello Cube 就完成了。

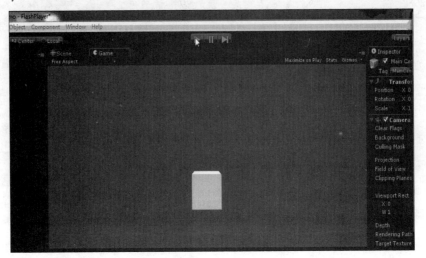

图　2-20

（8）如果按照正式项目的步骤，下面应该发布程序了。这里体验一下 Unity3D 强大的跨平台能力，这个 Demo 可以发布为各种主流类型操作系统兼容的应用程序。通过选择 File→Build Settings 命令，即可进入如图 2-21 所示的发布设置窗口。查看 Platform 列表，里边囊括了所有的操作平台，也就是说可以实现一次开发，多平台运行。

图　2-21

（9）这里做个测试，发布一个 Windows 平台的典型 EXE 程序（见图 2-22）和一个 Web 平台的 Flash 程序（见图 2-23）。

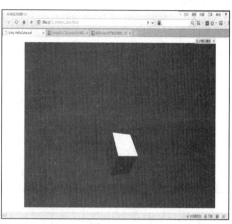

图　2-22　　　　　　　　　　　　　　　　图　2-23

（10）细心的读者可能已经发现这个 Cube 立方体的棱角有锯齿，这是因为在默认情况下，抗锯齿属性是设置为 Disabled（禁用）的。因此，可以选择 Edit→ Project Settings→Quality 命令，将 Anti Aliasing 属性设置为 2x Multi Sampling（见图 2-24，可选值为 2x Multi Sampling、4x Multi Sampling 以及 8x Multi Sampling，值越大越平滑，但是会占用更多的系统资源，开发调试阶段一般选择 Disabled，当然，如果用户的计算机条件允许，4x 或 8x 也是一个不错的选择）。

图　2-24

读者开始学习 Unity 的关键是需要认识 Unity 的界面、命令、使用资源、创建场景和发布。当读者掌握了该部分后，将理解 Unity 是如何工作的，以及如何使其更有效地工作，实现如何开发简单的游戏并且整合各种资源一起应用。

4. Unity 基本概念的介绍

下面将梳理 Unity 的基础概念和知识，有助于自学 Unity。

（1）美术部分：

美术部分是 Unity 的两大模块之一，主要包括 3d 模型、材质、纹理（贴图）这几部分，还有可扩展的 Shader（着色器），Unity 本身拥有几十种 Shader，也可以根据自己的需要使用 ShaderLab 语言来编写 Shader。

（2）基本组成：

Scene 场景，类似于 Flash 中的 stage，用于放置各种对象。

GameObject，可以携带各种 Component（每个 GameObject 至少带有 Transform 组件，所有的组件都可以从顶部菜单 Component 里面找到并添加给游戏对象）。

Component 组件，附加在 GameObject 上，不同的组件可以使 GameObject 具有的不同属性，Transform、碰撞器、刚体、渲染器等都是组件，脚本也是组件的一种，对象所表现出来的行为都是由组件实现的。

（3）脚本语言：

C#、JavaScript、boo（前两者使用较为广泛，推荐 C#），一般的继承 MonoBehaviour 类的脚本都需要依附在场景中的对象上才能被执行。

（4）用户图形界面部分（GUI）：

① 用于制作按钮、文本显示、滚动条、下拉框等常用图形操作界面元素，使用 GUISkin 和 GUIStyle 可以自定义样式。

② 系统自带 GUI。

③ 各类 GUI 插件，NGUI、EZGUI 等。

（5）预制：

① 用于程序运行时，动态实例化对象的"母体"。例如，在射击类游戏中，子弹的生成可以使用实例化预制的方式来实现，类似 Flash 中的各种 Display 类，可以定义它的各种属性方法，然后在使用时直接实例化一个实例。

② 在 Project（工程）面板右击，选择 Creat→Prefab 命令，新建一个预制，将 Hierarchy 面板中要制成预制的对象拖到这个新建预制上即可。

（6）标签和层：

① 标签（Tag）用于辨别物体，与 Name 类似，使用对象的 Tag 和 Name 都可以找到对应物体的 GameObject.Find（"Name"）、GameObject.FindWitnTag（"Tag"）。默认是 Untagged，可以通过 Inspector 面板中 Tag 的下拉菜单，在图 2-25 中选择 Tag 右边的下拉菜单来添加新的标签。

在 TagManager 面板中打开 Tags 左侧的小三角可以做进一步的设置，如图 2-26 所示。

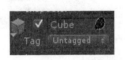

图　2-25

图　2-26

通过 Size 来增加标签的数量，每个 Element 内都填入新标签的名字。

② 层（Layer）。在使用某些功能时，可以通过层来过滤不需要运用该功能的对象，也就是把该功能运用到特定的层。例如，照相机的 Culling Mask 属性，通过选择特定层可以实现只显示位于被选中的层的对象。层的添加也是在标签管理器中，Unity 设置了 8 个层，用户不能对这 8 个层进行修改，可以从第 9 个（也就是 User Layer 8）开始添加用户定义的层（见图 2-27）。

图　2-27

（7）资源：

① .unitypackage 格式的文件可以直接导入到 Unity 中。在 Project 面板中右击，然后在 import packages 中选中要导入的资源。

注意： Unity 不识别中文路径，因此要导入的资源千万不要放在中文目录下，新建的工程也不要放在中文目录下。

② 场景打包可导出 .unitypackage 资源包，然后可以在其他项目中导入使用。在 Project 面板中右击，选择 export package 命令。

③ 另外，利用 project 面板右键菜单中的 import new assets 命令可以导入其他形式的

资源，如模型、音频、视频等，当然也可以直接将外部文件夹中的资源拖到 Project 中来完成导入。

（8）物理引擎：Unity 使用 NVIDIA PhysX 物理引擎。

① 碰撞器：包括各种基本体的碰撞器（Box、Sphere、Capsule、Cylinder）、网格碰撞器（Mesh Collider）、车轮碰撞器（Wheel Collider）、地形碰撞器（Terrain Collider）等。碰撞器组件在用户选中对象时会以绿色线框显示。

② 碰撞检测：碰撞器碰撞检测、光线投射（射线）、触发器碰撞检测，通过碰撞检测可以得到与当前对象发生碰撞的对象信息，使用碰撞的相关函数 OnCollisionEnter（碰撞器碰撞检测）、OnTriggerEnter（触发器碰撞检测）、Physics.Raycast（光线投射）获取。

③ 刚体：模拟物体物理现象的基础，加了刚体组件才能模拟重力、阻力等。

④ 力：作用于刚体，用户只要通过添加各种力，就可以使刚体表现出跟现实中一样的受力情况。

（9）粒子系统有两种形式：一种以物体携带粒子系统组件的形式实现；另一种是直接使用粒子系统 GameObject。

2.5　虚拟现实视频拍摄制作流程

以下介绍虚拟现实视频拍摄制作的具体流程。

2.5.1　前期

1. 明确拍摄需求

首先需要明确拍摄的需求方向：是偏向沉浸式视频游戏的开发，还是偏向场景体验设计，或者偏向行业应用的解决方案。在确定后根据需求差别来制定不同的拍摄计划（见图 2-28）。

图　2-28

2. 制定拍摄周期

在拍摄开始之前，需要对拍摄项目的进度做初步规划（见图 2-29），把握拍摄时间节点，甚至要具体到场景选择，拍摄捕捉的各个阶段。

图　2-29

3. 编写虚拟现实剧本

虚拟现实内容不同于传统电影拍摄，在进行虚拟现实剧情脚本编写时需要综合分析全景拍摄手段以及场景的情节设定。

4. 确定拍摄手法

主要是新场景下的镜头语言开发，在思考如何将个人才华以及团队创意更好地表现出来的同时，也要分析 360° 的世界环境如何运作以及拍摄辅助器材的选择。例如，无人机（见图 2-30）、高空导轨以及月球小车在不同的应用场景能够带来不同的体验视角。

图　2-30

5. 进行场景勘查

通过对场景的光线环境、色彩明暗反差以及特殊影响因素来选择合适的拍摄表现手法。例如在光线斑驳的场景，光影碎块将会导致后期拼合难度大大增加。通常利用 Teche 全景照相机的预览功能对现场环境进行查看，然后通过镜头前的滤镜调整进光量（见图 2-31）。

6. 现场调度安排

现场调度安排（见图 2-32）包括场景的布置、拍摄人员的安排以及设备的检查。在拍摄前做到岗位齐全、分工明确。避免诸如 GoPro 死机或者遥控器电池没电的尴尬。

图　2-31

图　2-32

7. 剧情脚本排练

要求拍摄人员对剧情脚本（见图 2-33）进行深入理解，包括人物对话的排练以及镜头表现的可行性验证。

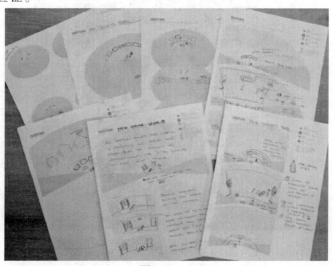

图　2-33

8. 场景道具设计

一些场景道具被用来隐藏工作人员的身影，而其他一些道具则是由剧情需要决定的。在原生场景叠加道具模型远比在软件中生成来得逼真（见图2-34）。

图　2-34

9. 视频拍摄

保持照相机处于水平位置（见图 2-35），高度与人眼高度一致，照相机开启后，选择视频拍摄模式，一键式操作。

图　2-35

2.5.2 后期

1. 快速缝合 Demo

当制作组接到视频素材后，需要快速制作一版 Demo，这时不必考虑接缝、水平、曝光等问题，只需要了解一个大致的场景信息，这里推荐 Autopano 软件（见图 2-36）。

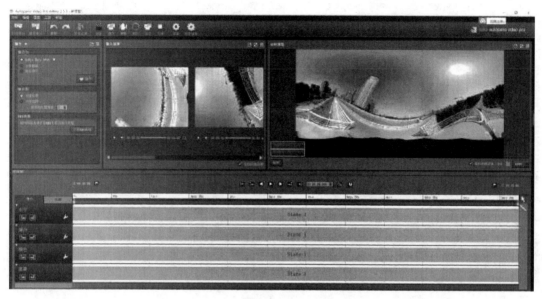

图 2-36

2. 视频粗剪

将 Demo 进行粗剪，挑选所需场景片段，重新设计场景排列顺序（见图 2-37）。

图 2-37

3. 背景音乐设计

为整理好的不同场景片段添加背景音乐（见图 2-38），尽量做到风格统一，与场景契合。

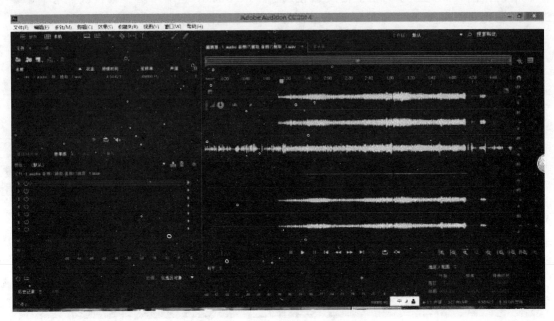

图　2-38

4. 粗剪审阅

对粗剪的 Demo 原型做定稿审核（见图 2-39）。

图　2-39

5. 高品质拼合审阅

根据粗剪的内容场景进行对应时间段原始素材的精细拼接（见图 2-40）。例如 2 分 50 秒 ~ 3 分 17 秒是第一个场景，在后期拼接时就可以选择同样的时间段进行输出，和全部场景精细拼接输出相比，可大幅提高工作效率。

图　2-40

6. 替换 Demo

保持现有 Demo 中场景的排列顺序,用刚刚输出的高质量拼接内容一一进行替换(见图 2-41)。

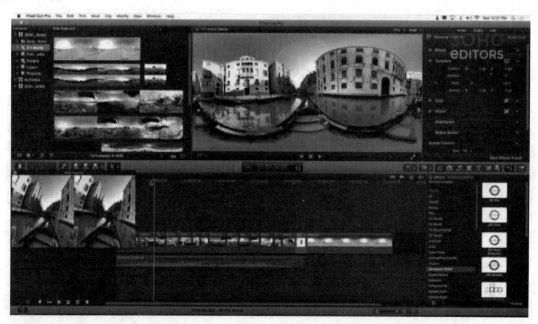

图　2-41

7. 场景过渡设计

思考不同场景的转场逻辑与过渡方式,通过设计视觉重点的出现位置进行巧妙衔接

（见图 2-42），一般调整主视角是常用的手段。

图　2-42

8. 细节处理

对各个场景中在拼接环节无法处理的问题进行精细化调整，解决如何局部错位以及曝光（见图 2-43）等问题。

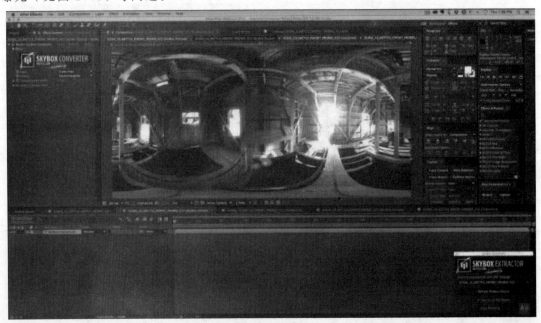

图　2-43

9. 防抖优化

如果是航拍内容或者移动拍摄的素材，还需要进行跟踪防抖的处理，单单依靠云台并不能够完全解决问题（见图 2-44）。

图   2-44

10. 修补盲区

处理视频的视野盲区或三脚架的移除，通常利用周围的环境信息进行补全。可以选择图章工具逐帧渲染，也可以选择带有视频亮度信息的图片进行遮盖（见图 2-45）。

图   2-45

11. 添加 2D 元素

根据场景需要选择是否添加 2D 元素，如视频、文字、图片等（见图 2-46）。

图　2-46

12. 颜色校正

对全景视频进行调色处理（见图 2-47）：一级校色，判断是否有色偏、黑白对比度是否合适；二级调色，根据视频主题进行不同风格的调色处理。

图　2-47

13. 添加字幕

设计字幕的样式以及出现的位置，一般考虑虚拟现实观看的需求，将必要的文字说明标注在内容的中心矩框内，注意不要遮挡关键内容（见图 2-48）。

图 2-48

14. 片头制作

全景视频处理完成后，需要设计一个契合拍摄主体或是传达品牌内容的片头（见图 2-49）。

图 2-49

15. 渲染输出

完成以上步骤并检查无误后，进行 MP4 格式的渲染输出（见图 2-50）。

图　2-50

16. 压缩上传

不同的内容平台有不同的上传标准，确定内容平台，选择上传。

至此，一个完整的虚拟现实作品就完成了。

第 ③ 章

虚拟现实带来的创新创业新形式

虚拟现实技术及应用是一个热门话题，它提供身临其境和吸引人的用户体验。例如，虚拟现实环境对学习者更有吸引力并且有效地支持学习和在线协作。在交流方式方面，虚拟现实可以提供自虚拟现实屏幕共享和全新的虚拟现实互动方式。虚拟现实技术的行业应用及特点也带来了全新的创新创业形式。

3.1　虚拟现实技术的行业应用及特点

3.1.1　虚拟现实改变服务形式

虚拟现实因其带来令人惊叹的体验而备受关注。它允许用户在模拟环境中沉浸并交互，是一种复杂且先进的技术。然而，像计算机一样，因为昂贵的费用最初被用于商业领域，后来才逐渐被消费者所熟知，作为一种"新玩具"来到游戏玩家面前。然而它的价值不仅仅是在游戏领域，在教育、零售、影视、工业等领域发挥着不可替代的价值。

虚拟现实可以大幅降低运营成本。与传统的面对面会议或工作坊相比，特别是当参加者来自分布式场所，必须前往一个固定地点进行聚会时，为组织方和参会者节省了场地租赁、空间装饰、物流和差旅费用等成本。同时也节省了旅行等所消耗的时间成本。它还为用户访问和连接提供了灵活性，因为可以从任何地方连接到虚拟现实环境，如笔记本式计算机平板电脑或手机等。

1. 虚拟现实带来行业应用新形式

虚拟现实的高度可定制性和可扩展性。随着 3D 建模技术的成熟，虚拟现实环境中的数字化组件易于创建、维护和处理。由于可以预先设计和构建模型结构和块，玩家可以像玩乐高一样容易上手。此外，所有用户生成的内容（UGC）可以集中存储并可用于后期处理，可以使用在各行各业中。

1）虚拟现实在航空业的四种新形式

虚拟现实已经从四方面影响着航空业的发展，创造了更多价值，并一定程度上节省了时间和资源。虚拟现实在航空中的应用带来了更多的可能性，如丰富机上娱乐，提升乘客体验以及让飞行员得以进行身临其境的训练，这两方面已经有了诸多案例。除此之外，虚拟现实在航空业还有更多用武之地。

（1）提升乘客飞行体验。长途飞行很无聊，以往的机上娱乐也许只有看书、看电影或者听歌。丰富机上娱乐、提升乘客飞行体验一直都是各大航空公司致力于解决的一大难题。虚拟现实让航空业找到了好帮手，乘客可以沉浸在虚拟环境中，时间似乎可以过得快一些了。

已经有航空公司尝试将摄像机安装在飞机的外部，以便乘客在乘坐飞机时可以欣赏到外面的景色，虚拟现实使得乘客感觉自己就像飞翔在云霄之中。这带来了梦幻般的飞行体验。

一些航空公司已开始为头等舱乘客提供虚拟现实头显作为机上娱乐设施，而不单单是一个耳机。

（2）培训航空从业人员。自从第一架飞行模拟器用于训练飞行员以来已经有很多年了，现在虚拟现实为培训飞行员提供一种新的方式。

飞行模拟器价格高昂，每个航空公司都面临飞行模拟器供不应求的问题。此外，飞行模拟器还需要大空间放置，占用大量的资源。虚拟现实可以很好地解决这些问题，虚拟现实带来的沉浸体验使飞行员就像坐在驾驶舱里，在逼真的场景中操作，而且购买虚拟现实设备的费用远低于飞行模拟器，节省了大量的资金。此外值得一提的是虚拟现实可以实现更多飞行员同时进行训练，大幅提高培训效率。

虽然虚拟现实不会完全取代实机训练，但作为培训的辅助手段，虚拟现实对于拥有大量机组人员的航空公司来说是非常有益的。

（3）治疗人们的恐飞症。虚拟现实不仅适用于机上娱乐和培训，还可用于治疗恐惧飞行的乘客。据统计，每三个美国人就有一个人害怕飞行。

诸多研究表明，虚拟现实体验可以通过鼓舞、激励等方式改善人们各种心理问题。最好每个人都能够体验虚拟现实，特别是那些精神状态和心理素质不好的人。

有很多致力于用虚拟现实解决人们心理问题的科技公司，他们开发了一些有助于缓解人们恐惧症的虚拟现实应用，配合传统的心理治疗，可以达到更好的效果。

（4）用于营销提高企业声誉。阿联酋航空在其网站上增加了虚拟现实体验，让参观者可以查看其 A380 飞机的内饰。用户可以在 3D 渲染的经济舱、商务舱和头等舱以及豪华的休息室和淋浴间漫步。

虚拟现实营销不仅存在于航空业，任何行业的营销活动都可以借助虚拟现实让消费者在消费行为发生之前身临其境感受企业提供的服务从而激发购买行为。

除上述四种虚拟现实与航空业结合的方式外，相信虚拟现实之于航空业还有更多的可能性。然而需要注意的是，纵使虚拟现实与航空业结合的方式很多，却不乏有些浅尝辄止，尚且没有被广泛使用，虚拟现实的价值仍有待于被开发，而随着虚拟现实相关技术的迭代，相信虚拟现实还会为人们带来更多惊喜。

2）虚拟现实系统改变传统的参观博物馆方式

虚拟现实博物馆是在"虚拟现实+"的应用潮流下产生的，极大改变了传统博物馆枯燥、死板的印象，给人们提供有趣科普知识的同时带来了不一样的高科技游览享受。

虚拟现实技术在博物馆展览上的应用，能让人们自由穿梭于时间隧道，随意跨越广阔的地域，在虚拟现实场景中尽情游历文化古城，欣赏文物的精髓。

　　博物馆虚拟现实展览系统以沉浸性、交互性和创造性的形式完美展现历史事件、文物、情景等，充分利用计算机技术连接庞大的三维数据库，让众多的数据实现可视化，以三维立体的仿真模型展现在人们面前，让人们身临其境。

　　博物馆虚拟现实展览系统能够利用艺术方式来展现博物馆的方方面面，并且实现当前很多博物馆不具备的功能。虚拟现实博物馆能够很好地保护古代文物，同时也让人们近距离接触文物，真正做到观众与文物亲密接触。

　　在过去，为了保护古代文物不受到破坏而收藏到展柜中，参观者无法近距离观看物体细节，更不用说要触碰了。虚拟技术帮助博物馆解决了这难题，利用三维仿真技术对文化古物进行重建模拟，并存放在虚拟博物馆中，人们可以随意拿起来进行观看，这既满足了参观者的好奇心又保证文物不受到损害。

　　在以往的文物保护过程中，就算文物工作者用尽各种办法全力去保护古人留下来的文物，但也难逃时间的魔掌，脆化、脱色、剥落等现象始终不能避免。利用虚拟现实技术，不仅可以复原所有的文物原本的样貌，展现它崭新的形象，而且永远不会变样。

　　3）虚拟现实带来看房新方式

　　用虚拟现实眼镜可以带来购房新体验，这些眼镜戴在用户的脸上就像是一个潜水镜，但用户看到的不是一群鱼，而是一座公寓；向前走，试图进入洗手间，不小心还会撞到墙上、门上。这是数字设计公司专门根据房地产公司的建筑计划设计建筑以及周边环境的虚拟透视图。这一想法的目的是能够让潜在买家戴着虚拟现实眼镜在建筑内外走上一圈，让他们看到这座建筑周围的真实场景。这些体验愈加真实，顾客就越有可能花巨资买下。

　　虚拟现实技术将有望改变房地产行业，将"卖房子"这一"技术活"变得更加有效。首先它能够帮助那些新到一个环境的人看到所购房屋的详细情况和未来周边的发展环境，一定程度上缓解他们对未来房屋发展的担心，加速了交易进程。

　　另外，购房者还可以提前了解所买房屋的信息，缩短了看房时间。据《纽约时报》的报道，3D漫游技术（3D Walk Through）已经非常流行。3D漫游其实就是10年前较为流行的全景照相机升级版，用户无须戴上头盔，通过鼠标和键盘的操作就可以详细地观察到公寓内各处场景，也可以将图像放大来查看细节。尤其是对于那些要到国外置业的买主来说，在家就可以提前看看未来房子的具体情况，然后再来实地通过虚拟现实设备详细考察，确实要方便很多。虚拟现实影像中还可以呈现未来建筑周边的环境。虚拟现实卖房的好处有：

　　（1）提高房屋参观和销售效率。

　　（2）购买不用看现货房产。

　　（3）提供修复和翻新的新形式。

　　（4）以质量为导向的广告租赁。

　　（5）改进的租户沟通。

　　4）虚拟现实提供技术与艺术相结合的新形式

　　在影像中，人们分不出来或者没有必要分出来现实的和虚拟的区别，从而抬高了虚拟影像的地位，使其达到一种不是现实但极似现实的效果，进而在很多方面执行现实影像的作用。从技术发展来看，虚拟现实、增强现实、混合现实在虚拟效果上不断向现实延伸，最终达到的目标是替换现实或与现实影像不分。从技术上看，虚拟现实在慢慢成熟，而增强现实还处于探索阶段，混合现实更是需要时间才能得到比较大的发展。这里从其作用于现实方式的角度将其视为一种整体性的虚拟现实技术。

每一种新技术都会产生与之相适应的艺术形式，一旦虚拟现实在技术上成熟，新的艺术形式将成为最引人注目的艺术形式，它不仅改变电影的形态，连表演、导演、音效、画面等都将同时被改变。

在虚拟现实技术与绘画表现结合的领域已有初步实践，在国外有通过 QT VR 和 Stitcher 创作交互全景插画，人们可以通过 QT VR 在二维插画内进行 360° 的全景漫游体验。在国内，李勋祥运用虚拟现实技术进行了数码水墨山水画的创作，以数字化的三维虚拟空间作为水墨山水的创作媒介和平台，开辟了中国山水画创作和审美的新视野。不仅用三维建模，机理渲染模拟了水墨山水的效果，更赋予传统二维水墨画三维的观赏视角以及基于摄像机视角的场景动画、基于 Flow Speed 的树木花草生长动画，基于重力、风速等参数设定的风的效果的动画。

2010 年上海世博会中国馆的《清明上河图》也是虚拟现实技术渲染、动画技术在数码绘画领域的成功应用。《清明上河图》不仅将原图放大了 30 倍，长宽分别为 128m、6.5m，并且将原画的平面延伸到一定的三维效果，将其中的人物从静态变为动态，并辅助有声音对话，生动展示了一幅宋代繁华景象。

从上述的案例来看，虚拟现实技术下的数码绘画逐渐突破传统绘画在二维平面的、静态的表现观念，呈现着虚拟式、交互式、动态化、多感知化的表现特点。

虚拟现实技术的运用使新时代的数码绘画不断突破原有的概念，将数码绘画的概念泛化，并赋予其新的多元化的表现方式。总结发展现状，虚拟现实技术下的数码绘画有如下几种表现形式：交互式全景绘画、传统绘画的三维仿真、多感官的表现形式。

虚拟现实技术正越来越广泛地应用于数字艺术创作，成为新媒体艺术家的新宠。不同于传统的艺术创作，虚拟现实技术下的艺术创作可以给人带来五维的多感官体验，更能给人身临其境的艺术体验。虚拟现实下的数字艺术更丰富了传统艺术的交互形式，通过动画、声音等与观众进行互动。虚拟现实在艺术领域的应用，给数字媒体艺术带来了新的艺术表现语言、新的艺术感官体验，虚拟现实技术的发展正不断推动着新媒体艺术的创造性的多元发展。在数码绘画领域，虚拟现实技术也有广泛的应用和发展空间，虚拟现实技术也必将在绘画领域有所突破，有所作为。

5）虚拟现实创新营销新方法

"虚拟现实+"的形式不断渗透到各行各业，对营销行业来说，也早已率先开始探索如何将传统的营销与当前热门的虚拟现实技术相结合，并通过彼此的互相碰撞与融合，来改写营销行业的未来模式。

虚拟现实营销最重要的价值在于很强的现场感、品牌的超现实体验和较强的互动性。可以引领新潮的虚拟现实技术无疑会让很多人感到迥异于传统的新鲜感和刺激感，抓住消费者的猎奇心理是市场营销行之有效的手段之一；虚拟现实的交互性和沉浸性能够在短时间内吸引用户的全部注意力，有科学证据表明人们对虚拟现实体验的记忆不仅时间长而且更深刻，并且伴随着营销方式的多样化，虚拟现实可以多种形式进入不同的行业企业中；在"讲故事"这个营销难题上，虚拟现实可以帮助人们找到"感性"和"理性"之间的更好平衡。数字营销不是"奇葩说",消费者一没有时间二没有兴趣去听产品的特性分析和优劣辩论。而虚拟现实很可能是打通感性,植入理性的最佳媒介。

虚拟现实从以下方面改变了营销:

(1)视觉传输:视觉营销在过去的几年中已经成为网上营销的主要推动力,而虚拟现实会进一步地推动视觉营销。不仅优化了传统在线直播,提供更好的临场感和全景观看体验。虚拟现实技术通过视觉模拟,结合 360°全景拍摄及后期画质拼接合成,解决了传统 2D 直播画面呆板和用户无法全角度观看的问题。

(2)沉浸感:虚拟现实所提供的沉浸感是最大的卖点之一,对营销来说也有很大的影响。虚拟现实背后的意义是 360°全方位感受,而这也是用户所期待的。虚拟现实技术在现场录制和后期计算机仿真中加入环绕立体声,过滤掉现场杂音,将"音效、场景、人物"融为一体,给用户带来真正的体验。

对于品牌而言,虚拟现实的出现正让营销这一传统行业激发出无限可能性,建立全新的市场营销体系。可以想象,未来任何领域的品牌和产品都可以找到适合自己的形式进行虚拟现实营销。

6)虚拟现实教育将作为创新教学的改革方式

教育部等五部门关于印发《教师教育振兴行动计划(2018—2022 年)》的通知。该"行动计划"中明确指出要充分利用云计算、大数据、虚拟现实、人工智能等新技术,推进教师教育信息化教学服务平台建设和应用,推动以自主、合作、探究为主要特征的教学方式变革。

目标任务是经过 5 年左右努力,办好一批高水平、有特色的教师教育院校和师范类专业,教师培养培训体系基本健全,为我国教师教育的长期可持续发展奠定坚实基础。师德教育显著加强,教师培养培训的内容方式不断优化,教师综合素质、专业化水平和创新能力显著提升,为发展更高质量、更加公平的教育提供强有力的师资保障和人才支撑。

"互联网+教师教育"创新行动充分利用云计算、大数据、虚拟现实、人工智能等新技术,推进教师教育信息化教学服务平台建设和应用,推动以自主、合作、探究为主要特征的教学方式变革。启动实施教师教育在线开放课程建设计划,遴选认定 200 门教师教育国家精品在线开放课程,推动在线开放课程广泛应用共享。实施新一周期中小学教师信息技术应用能力提升工程,引领带动中小学教师校长将现代信息技术有效运用于教育教学和学校管理。研究制定师范生信息技术应用能力标准,提高师范生信息素养和信息化教学能力。依托全国教师管理信息系统,加强在职教师培训信息化管理,建设教师专业,发展"学分银行"。

7)虚拟现实改变人类娱乐方式

无人驾驶汽车已经走出实验室,特别是虚拟现实改变人民大众的娱乐方式。体育赛事的直播还可以让观众在电视机前就看到 360°的现场全景,体验身临其境的感觉。现场戴上"眼镜",进入海洋模式,瞬间就从寒冷的江南,切换到热烈的海洋。裸眼 3D 技术让未来的娱乐方式更丰富,待在家中也能神游天下。伴随着虚拟现实身临其境的体验、全能充沛的服务、现实与虚拟的结合以及无处不在的互联网基因渗透,相关生产和需求都可能出现爆炸性增长。可以说,互联网与社会生活之间的共振作用、互动作用会更加强烈，互联网在改变人们生活方式的同时，人们的新需求也在不断催生新的互联网技术和文化。

中国众多制造企业正在加快转型升级，"机器换人"是个重要标志。未来 5 年机器人的功能将更丰富，除了从事机械工作的工业机器人外，掌握更高人工智能科技水平的机器人，会成为跟人类进行更多交流的伴侣。例如，微软除了已推出的"微软小冰"外，这次又带来了"微软小娜"个人智能助理，它"能够了解用户的喜好和习惯"，"帮助用户进行日程安排、问题回答等"。可以说人类的新机器人伙伴正在走近日常生活。

8）虚拟现实新的应用形式：梦想成真，让你成为任何人

由于各种虚拟现实设备的高速发展，其中以 Oculus Rift 头戴显示器为首，为人们呈现了各种虚拟现实体验：游戏、3D 建模设计、互动影视观赏，直到现在的"交换身体"体验。BeAnother Lab 是一个专注于提供"虚拟人生"体验的科研小组，他们的"性别互换"项目，通过两个人佩戴 Oculus Rift 虚拟头戴显示器，实现身份性别互换。这仅仅是目标的一小部分，接下来则是另一幅画面：你可以成为任何人。项目实验是一名女性芭蕾舞演员"诺玛"的身体，将其"嫁接到"体验者身上，体验者能够通过诺玛的视角看到一切，遵循诺玛的动作，来体验"附身"在诺玛身上的一切行为感受。假如我戴上 Oculus Rift 虚拟头戴显示器，我看到了我的腿和手，是女性的身体，而当另一个人向我挥手、和我握手时，感觉十分真实；但这时，诺玛的声音却飘进我的脑袋，她的声音如此真实，开始讲述她的女权主义思想和自我形象，让我感觉我就是她。

将来用户可以体验到虚拟现实新的应用形式：让你成为任何人。通过这种方式的"远程呈现"，可以让更多用户在不同的地点实现角度互换的虚拟人生体验，从而促进人与人之间的沟通，产生更多共鸣、解决矛盾。例如，让残障人士体验正常的人生、增加生活信心；在不同人种之间虚拟互换，消除种族歧视；一生中的遗憾是没有成为歌手或是电影明星，现在你可以做一个更真实的"梦"……实现真正的"虚拟人生"。

不得不承认，"虚拟人生"的体验相比任何游戏、电影都要吸引人，BeAnother Lab 的项目本身极具前景及市场空间，团队也在谋求天使基金等进一步发展。或许很快，你就可以坐在沙发上，体验任何人的人生。

2. 未来的应用服务，虚拟现实是"刚需"

1）虚拟现实提供九种新的交互方式

在世界范围内，虚拟现实早就渗透进了传统行业。虚拟现实被很多业内人士认为是下一个时代的交互方式。虚拟现实交互仍在探索和研究中，与各种高科技的结合，将会使虚拟现实交互产生无限可能。虚拟现实不会存在一种通用的交互手段，它的交互要比平面图形交互拥有更加丰富的形式。总结虚拟现实的九种交互方式以及它们的发展现状。

（1）用"眼球追踪"实现交互。眼球追踪技术被大部分虚拟现实从业者认为将成为解决虚拟现实头盔眩晕病问题的一个重要技术突破。Oculus 创始人帕尔默·拉奇曾称眼球追踪技术为"虚拟现实的心脏"，因为它对于人眼位置的检测，能够为当前所处视角提供最佳的 3D 效果，使虚拟现实头显呈现出的图像更自然，延迟更小，这都能大大增加可玩性。同时，由于眼球追踪技术可以获知人眼的真实注视点，从而得到虚拟物体上视

点位置的景深。眼球追踪技术绝对值得被从业者们密切关注。但是，尽管众多公司都在研究眼球追踪技术，但仍然没有一家的解决方案令人满意。

在业内人士看来，眼球追踪技术虽然在虚拟现实上有一些限制，但可行性还是比较高的，如外接电源、将虚拟现实的结构设计做得更大等。但更大的挑战在于通过调整图像来适应眼球的移动，这些图像调整的算法在当前都是空白的。

（2）用"动作捕捉"实现交互。动作捕捉系统是能让用户获得完全的沉浸感，真正"进入"虚拟世界。专门针对虚拟现实的动捕系统。市面上的动作捕捉设备只会在特定超重度的场景中使用，因为其有固有的易用性门槛，需要用户花费比较长的时间穿戴和校准才能够使用。相比之下，Kinect 这样的光学设备在某些对于精度要求不高的场景可能也会被应用。全身动捕在很多场合并不是必需的，而它交互设计的一大痛点是没有反馈，用户很难感觉到自己的操作是有效的。

（3）用"肌电模拟"实现交互。利用肌肉电刺激来模拟真实感觉需要克服的问题有很多，因为神经通道是一个精巧而复杂的结构，从外部皮肤刺激是不太可能的。当前的生物技术水平无法利用肌肉电刺激来高度模拟实际感觉。即使采用这种方式，能实现的也是比较粗糙的感觉，这种感觉对于追求沉浸感的虚拟现实也没有太多用处。

有一个虚拟现实拳击设备 Impacto 用肌电模拟实现交互。具体来说，Impacto 设备一部分是振动马达，能产生振动感，这个在游戏手柄中可以体验到；另外一部分，是肌肉电刺激系统，通过电流刺激肌肉收缩运动。两者的结合，让人误以为自己击中了游戏中的对手，因为这个设备会在恰当的时候产生类似真正拳击的"冲击感"。

（4）用"触觉反馈"实现交互。触觉反馈主要是按钮和振动反馈，大多通过虚拟现实手柄实现，这样高度特化/简化的交互设备的优势显然是能够非常自如地在诸如游戏等应用中使用，但是它无法适应更加广泛的应用场景。三大虚拟现实头显厂商 Oculus、索尼、HTC Valve 都不约而同采用了虚拟现实手柄作为标准的交互模式：两手分立、6 个自由度空间跟踪，带按钮和振动反馈的手柄。这样的设备显然是用来进行一些高度特化的游戏类应用的（以及轻度的消费应用），这也可以视作一种商业策略，因为虚拟现实头显的早期消费者应该基本是游戏玩家。

（5）用"语音"实现交互。虚拟现实用户不会注意视觉中心的指示文字，而是环顾四周不断发现和探索。一些图形上的指示会干扰到他们在虚拟现实中的沉浸感，最好的方法就是使用语音，和他们正在观察的周遭世界互不干扰。这时如果用户和虚拟现实世界进行语音交互，会更加自然，而且它是无处不在、无时不有的，用户不需要移动头部和寻找它们，在任何方位、任何角落都能和他们交流。

（6）用"方向追踪"实现交互。方向追踪可用来控制用户在虚拟现实中的前进方向。不过，如果用方向追踪可能很多情况下都会空间受限，追踪调整方向很可能会有转不过去的情况。交互设计师给出了解决方案——按下鼠标右键则可以让方向回到原始的正视方向或者重置当前凝视的方向，或者可以通过摇杆调整方向，或按下按钮回到初始位置。但问题还是存在的，有可能用户玩得很累，削弱了舒适性。

（7）用"真实场地"实现交互。超重度交互的虚拟现实主题公园 The Void 采用了这种途径，就是造出一个与虚拟世界的墙壁、阻挡和边界等完全一致的可自由移动的真实场地，这种真实场地通过仔细地规划关卡和场景设计就能够给用户带来种种外设所不能带来的良好体验。把虚拟世界构建在物理世界之上，让使用者能够感觉到周围的物体并使用真实的道具，如手提灯、剑、枪等，中国媒体称为"地表最强娱乐设施"。缺点是规模及投入较大，且只能适用于特定的虚拟场景，在场景应用的广泛性上受限。

（8）用"手势跟踪"实现交互。光学跟踪的优势在于使用门槛低，场景灵活，用户不需要在手上穿脱设备。手势追踪有两种方式，各有优劣：一种是光学跟踪；第二种是数据手套。

光学跟踪未来在一体化移动虚拟现实头显上直接集成光学手部跟踪用作移动场景的交互方式是一件很可行的事情。但是其缺点在于视场受局限，需要用户付出脑力和体力才能实现的交互是不会成功的，使用手势跟踪会比较累而且不直观，没有反馈。

数据手套的优势在于没有视场限制，而且完全可以在设备上集成反馈机制（如振动、按钮和触摸等）。它的缺陷在于使用门槛较高：用户需要穿脱设备，而且作为一个外设其使用场景还是受局限的。

（9）用"传感器"实现交互。传感器能够帮助人们与多维的虚拟现实信息环境进行自然地交互。例如，人们进入虚拟世界不仅仅是想坐在那里，他们也希望能够在虚拟世界中到处走走看看，这些基本上是设备中的各种传感器产生的，如智能感应环、温度传感器、光敏传感器、压力传感器、视觉传感器等，能够通过脉冲电流让皮肤产生相应的感觉，或是把游戏中触觉、嗅觉等各种感知传送到大脑。已有的应用传感器的设备体验度都不高，在技术上还需要做出很多突破。比如万向跑步机，体验并不好，这样的跑步机实际上并不能够提供接近于真实移动的感觉。还比如 Stompz 虚拟现实，使用脚上的惯性传感器使用原地走代替前进。还有全身虚拟现实套装 Teslasuit，可以切身感受虚拟现实环境的变化。

虚拟现实是一场交互方式的新革命，人们正在实现由界面到空间的交互方式变迁。未来多通道的交互将是虚拟现实时代的主流交互形态，虚拟现实交互的输入方式尚未统一，市面上的各种交互设备仍存在各自的不足。

作为一项能够"欺骗"大脑的终极技术，虚拟现实在短时间内迅猛发展，已经在医学、军事航天、室内设计、工业设计、房产开发、文物古迹保护等领域有了广泛的应用。随着多玩家虚拟现实交互游戏的介入以及玩家追踪技术的发展，虚拟现实把人与人之间的距离拉得越来越接近，这个距离不再仅仅是借助互联网达到人们之间的交互目的，而是从身体感知上拉近空间的距离。

2）虚拟现实将改变你眼中的世界和影响人心

虚拟现实技术在特定场景下的人机交互还有很多可供挖掘的，远不止是游戏和电影，教育、生产等方面也有很广的前景。Oculus 虚拟现实刚出来的时候，我们是纯粹把它当成一款颠覆性的游戏和电影设备的；后来慢慢意识到，虚拟现实技术在特定场景下的人机交互还有很多可供挖掘的，远不止是游戏和电影，教育、生产等方面也有很广的前景。

Facebook 花 20 亿收购了 Oculus，说要打造下一代社交平台。虚拟现实技术是在重塑一个世界，这样的技术的威力在初期很难看到全貌，但是我们隐隐已经看到这只巨兽一条腿了。我们意识到虚拟现实真正厉害的地方不在对外部世界的逼真模仿，而是通过这种模仿给人心造成的巨大影响。

2014 年在百度百家 The Big Talk 交流会上，斯坦福大学虚拟互动实验室（Virtual Human Interaction Lab）创始人、美国政府虚拟现实政策问题及 Facebook CEO 顾问杰瑞米·拜伦森（Jeremy Bailenson）发表了"虚拟革命的黎明"主题演讲，为现场观众带来一段虚拟现实技术的造梦之旅。Jeremy 在二十年前就开始在实验室里研究虚拟现实技术对人类心理的影响，这个角度是我们之前没考虑过的，他最后分享了几个 big idea 让大家一起来认识一下。

第一个 big idea，虚拟现实同真实世界不一样，是可以通过算法去造出万千世界的。举个例子，你对着一万人演讲，是没法同时注视着这一万个人的。但如果这一万个人都戴着 Oculus Rift 听你演讲，通过算法是可以让他们觉得你一直在看着他们，你是在为他一个人演讲。这种注视的力量是很强的，在教育领域尤其如此，一对一授课的效果通常要好过大班课。类似的，还可以让虚拟教师模拟每个学生的动作，甚至把学生的面部特征融合到教师的虚拟形象中，让学生更喜欢这个老师，教学效果也会有提升。

不单是教育，社交、演讲这些领域也会受到影响。在这里，虚拟现实技术改变的是人类之间的交互方式，不再是现实中的"什么样就是什么样"，而是可以通过算法去调整。

第二个 big idea，虚拟现实对自我们认知会有很大影响。Jeremy 举了一个减肥的例子，受试者戴上 Oculus，会看到一个镜中的自己，开始运动后，这个虚拟化身会慢慢变瘦，而且是那种十分钟内就能看出来的体型变化，中途停下来，效果就消失了。这种即时的反馈的力量是很可怕的，很多人就是因为得不到这种反馈所以没法坚持锻炼的。在虚拟世界里，你能真正看到自己因为锻炼瘦了，这会让你相信通过锻炼你是真的能变瘦的，这种信念是真的力量源泉。

类似的，这种技术还可以用来培养人的自信心，比如把你的虚拟化身变得高一些，或者漂亮一些，你对自我的认知就会发生变化。实验室的研究表明，这种变化在几个小时内非常明显，长期的话还待探明。我们觉得，虚拟现实的技术如果应用到心理治疗和健康上，会给人们带来很多惊喜。

第三个 big idea，虚拟现实可以让你换一种视角看世界。英语里面有个说法，walk in another man's shoes，穿着别人的鞋走路才能明白别人是怎么感受的。现实中，虽然大家都有些这种能力，但是虚拟现实可以极大加强这种体验。你可以瞬间变成一个色盲，看到所有的叶子都变成了灰色。你可以变成一个非洲人，看看他们的生活环境是怎样的。这种真实的身临其境的体验，起到的作用远比一段文字或者当面交流更强。

Jeremy 在现场演示了这么一个例子。许多美国人会使用一种卫生纸，它的原材料是大树，减少这种卫生纸的使用就能少砍一些树，这个道理大家都懂，但是没用。如果让一个人在虚拟现实里锯掉一棵树，看着这棵大树轰然倒下，会有什么影响呢？现场有一位朋友演示了这个场景，他戴着 Oculus Rift，手中拿着手柄模拟锯树的动作，舞台上的五块大屏幕展现的就是他看到的虚拟森林，只一会儿，刚还鸟语花香的森林一角安静了，那颗大树静静地躺在地上，台下的观众也莫名沉静了，大家心里似乎都亲手锯掉了一棵树。

这些 big idea 已经在现实生活中得到了应用，并且产生了很好的效果，所以说虚拟现实的震撼之处在于它创造了一种全新的媒介形式。这种媒介对人类有很强的影响力，如曾经的语言、文字、书籍、无线电、电视电影、计算机和互联网。每一种新媒介的诞生，都会改写人类的状态和走向。语言和文字让人类能够交流复杂的思想，书籍的普及让知识不再是权贵的专属，电视电影让可视化的信息走进千家万户，计算机和互联网让计算和信息成为人类发展的催化剂。

虚拟现实带给人类的，是一种以极低成本去体验现实中可能或者不可能的经历，而且这种体验从视觉和听觉两方面看几乎能以假乱真，重点是视觉和听觉正是人类主要的感知手段。在这个虚拟世界里的体验，会向真实世界中人们经历的事情一样对主人公产生直达内心的影响。就像"盗梦空间"一样，给他人的思想植入一些东西，这种力量是最可怕的。

如果人类未来可以把自己的思想连到互联网上，实现完全的数字化生存，那么现在的虚拟现实技术，就是把现实世界虚拟化，放到你眼前，你的肉身还在，但是现实世界已经数字化了。也许虚拟现实是第一步，毕竟比起虚拟化思想，虚拟化外界会更容易实现。

3）虚拟现实将成为应用的刚需

虚拟现实推广应用到一定程度，将影响到每个人的物质生活甚至精神生活，人们对它的依赖会越来越强，因此虚拟现实将成为人们应用的刚需。未来服务行业、教育行业中运用的虚拟现实应用如雨后春笋般涌现出来。虚拟现实逐渐成为主流，包括谷歌和Facebook在内的教育和服务技术领域的一些主要参与者已经在为智能服务、智慧教室寻求新的应用场景。

例如，虚拟实地考察已成为虚拟现实技术最受欢迎的学习应用之一，房地产、旅游业、学校已经开始使用 Google Expeditions 将学生运送到遥远甚至地球上无法进入的地方进行虚拟实地考察。Google Expedition 应用程序可以在 iOS 或 Android 上免费下载，用户可以投资一些连接到智能手机的低成本纸板耳机。通过这些简单的耳机，用户可以积极探索从马丘比丘到外太空或深海的任何东西。

学习一门新语言的最佳方法之一就是全身心投入，最好是学生每天都倾听和讲他们正在学习的语言，最好就是长时间待在国外。由于我们大多数人都无法承受几个星期甚至几个月一次飞往另一个国家。所以虚拟沉浸是一个好工具，它能够生成你所需要的语言学习环境，现在正在开发一些使用虚拟现实的新语言学习应用程序，通过虚拟现实的模拟可以诱使大脑认为体验是真实的。

应用程序 Unimersiv 可以与 Oculus Rift 耳机一起使用。该应用程序允许学习者与来自世界各地的人联系，并在玩游戏和与虚拟世界中的其他学生互动时练习他们的语言技能。

虚拟现实模拟还可以帮助学生学习实用技能，以这种方式培训人员的好处之一是，学生可以从现实场景中学习，而不会有在不受控制的现实生活中练习陌生技能的风险。Google 的 Daydream 实验室进行的一项实验发现，获得虚拟现实培训的人比那些仅仅参加视频教程的人学得更快、更好。

虚拟现实技术是激发学生创造力并使他们参与的好方法，特别是在建筑和设计方面。德鲁里大学哈蒙斯建筑学院的学者一直在研究如何在他的领域应用虚拟现实技术，并相信它在建筑设计中开辟了无数的可能性。Oculus Rift 硬件使建筑师能够采用计算机生成的 3D 模型并将观众置于这些 3D 模型中，以实现他们的计划。在爱尔兰的一所小学，学生们甚至使用虚拟现实来构建爱尔兰历史遗址的 3D 模型，然后虚拟地访问它们。

杰克逊学院为澳大利亚维多利亚州的特殊需求学生提供 Oculus Rift 耳机让学生在课堂上使用。技术和特殊教育指导员解释说，Oculus Rift 帮助激发了学生的想象力，并为提供了他们原本无法拥有的视觉洞察力。例如，学生可以在埃及神庙内观看喷气发动机，以了解它们如何组合在一起，这使得课程更加灵活。他还指出，与探索行星和恒星的冥想虚拟现实应用程序相结合的课程往往对使用者产生镇静作用，其中许多人患有某种形式的自闭症。

虚拟现实技术在远程学习行业也具有巨大的潜力，美国宾州州立大学的一项研究表明，虚拟现实技术可以改善在线学生的学习成果。斯坦福商学院已经提供完全通过虚拟现实提供的证书课程，并且在英属哥伦比亚大学法学院，学生们使用名为虚拟现实 Chat 的虚拟现实社交应用程序享受虚拟现实讲座。该应用程序提供虚拟在线聊天空间，拥有虚拟现实耳机的学生可以自己投影并与讲师和其他学生互动。

虚拟现实技术有可能极大地加强团队之间的协作，包括远程协作和培训。研究表明，虚拟现实和增强现实模拟可以提高学习动力，改善协作和知识建构。在名为"第二人生"的虚拟世界中进行的一项研究允许用户在出国前设计、创建和使用协作活动，以便向交换生介绍他国语言和文化。学生们在关键点的应用和表现有很大进步，包括在练习语言技能时减少了尴尬，以及学生之间有更好的社交互动。

虚拟现实可能会彻底改变利于游戏进行学习的方式。基于游戏的学习是有效的，因为在增加参与度和动力方面，虚拟现实可以将其提升到一个新的水平。佛蒙特州万宝路学院的讲师简·维尔德（Jane Wilde）曾经在课程中使用游戏和模拟一段时间，他指出虽然虚拟现实游戏并不是课堂上唯一的乐趣和参与来源，但它们可以产生重大影响。在现实生活中无法实现的虚拟环境中可以实现很多目标。此外令人难忘的是虚拟世界中的视觉和动觉体验有助于加强我们的学习能力。

3.1.2　"互联网+"条件下的"虚拟现实+"网络服务

1. "虚拟现实+"的应用场景分析

虚拟现实应用开发主要集中在"虚拟现实+"出行、房地产、购物、教育、影视、社交、购物等领域。

1）"虚拟现实+"出行

虚拟现实旅游借助虚拟现实头盔，将景色、文化、历史等以 3D 交互视频的形式，360°全景式呈现在用户眼前。用户可以借助虚拟现实来实现预览、规划、演示的目的，更轻松地指定行程和计划。对于感兴趣的目的地，能够选择性地体验其民俗风情和景点特色，进行真实旅游前的一次预观光，将比从互联网搜寻旅游攻略更有效。全新的虚拟现实旅游体验模式，将改变人们的旅游方式，成为未来旅行、观光、文化传播的一个重要发展方向。

2）"虚拟现实+"房地产

虚拟现实技术为用户提供 360°全景沉浸式看房体验，使购房者不用再约时间去真实楼盘看房，减少了看房过程的烦琐与纠纷，提高了时间使用合理度与交易效率。购房者带上虚拟现实头盔，进入房地产开发商开发的虚拟现实样板房系统，可直观感受房间布局与内部结构。用户对环境设施、房屋结构、门窗位置以至装修方案提出自己的意见，可以大幅度提高生产效率。

3）"虚拟现实+"购物

虚拟现实购物将成为继移动互联网购物的新一代购物方式。用户使用虚拟现实头盔可以进入自己常去的大型步行街进行逛街购物，可以对物品细节进行观察甚至进行使用。更多的商品可以采用定制的形式进行生产销售，用户对物品的尺寸、材质等信息提出自己的想法，进而进行定制生产，这将减少物品过多生产的浪费。

4）"虚拟现实+"社交

作为虚拟现实全景内容生成器，其主打虚拟现实全景照片和视频拍摄，可一键拍摄720°虚拟现实全景照片和视频，全方位全维度记录生活场景，拍摄画面更全、内容更多，机内秒级自动拼接渲染，即时实现回放拍摄内容，提供多种滤镜个性化编辑功能，快捷分享到微信、微博等各大社交平台，同时还支持新浪微博虚拟现实全景视频直播。

此外，普通手机通过链接就可浏览虚拟现实全景照片和视频，支持普通、鱼眼、小行星、小星球和虚拟现实眼镜等多种浏览模式，可使用手指上下左右滑动画面或转动手机使用随动显示功能，以交互的方式浏览720°虚拟现实全景画面，带给用户平面拍摄无法实现的多种震撼空间观感，享受虚拟现实全景照片和视频给予的身临其境的全景视觉体验。令人惊喜的是，在浏览设置里选择虚拟现实眼镜模式，可以通过虚拟现实眼罩浏览虚拟现实全景拍摄内容，享受沉浸式体验。

5）"虚拟现实+"教育

（1）在美国加利福尼亚州的贝尔蒙特，高中的生物学老师一直都在使用 zSpace Studio 的混合现实计算机进行教学。这种计算机配置特殊的眼镜，可以让细胞和器官在 3D 屏幕上"弹出"，从而帮助学生更好地了解心脏的工作原理。

通过使用诸如 Cyber Science、zSpace Studio 以及 Human Anatomy Atlas 的应用程序，学生可以清楚地观察到，随着心脏的跳动，动脉的血液在一直流动，而且血管时刻打开和关闭。

（2）在职业技术学校中的应用。"虚拟汽车培训应用程序将几年前的'汽车商店'类应用推到了一个全新的水平。传统的教科书和课件是二维的，而实际的汽车训练是不可逆且昂贵。"zSpace 的总裁兼首席执行官 Paul Kellenberger 在一份声明中说，"通过虚拟现实应用，学生们反复练习维修和技术，建立强大的技能，也为学校节省了资金和上课空间。"

6）"虚拟现实+"公共安全

模拟现实：《虚拟现实地震逃生》。通过虚拟现实技术模拟地震来临时，家庭的现场环境，引导体验者在感受地震来临的紧张、急迫的同时，**通过冷静判断**，找到逃生的正确方式。

7）"虚拟现实+"买前试"吃"

（1）2017 年在纽约举办的一次 arKit 聚会上，一家公司展示了一款基于 arKit 的应用，借助该应用，顾客在点菜的时候可以把各个菜品可视化，这就大大方便了文字阅读有困难或者语言不通的顾客。此外，基于增强现实 Kit 的应用还可用于装修，比如消费者可以借助应用在买沙发前把沙发放在家里看好不好看，再决定是否购买。

（2）汽车制造商马自达将在其购物中心之旅加入向客户提供虚拟现实实车测试。

（3）利用电子商务网站的产品数据，生成高度逼真的增强现实图像，包括珠宝、眼镜、手表和家具。该专利认为，让消费者在购买前"试用"产品能够减少退货（多数在线零售商的主要支出项）、减少"维护店面的后勤事务和成本"。用摄像头和传感器来追踪消费者及其所在环境，并移动物体，创造"穿戴"体验。

（4）这种方式缩短的是房屋的销售周期。如果虚拟现实的体验够真实，一家楼盘可能在动土开工前就收获一批买家。搭建实体样板间的时间也被缩短了，营销人员可以提前锁定客户、提前销售。

8）"虚拟现实+"婚礼服务

由 HEY 虚拟现实制作出品的《我的虚拟现实婚礼》，让没有去到现场的你戴上虚拟现实眼镜，瞬间脱离现实世界，完全置身于海岛婚礼的美妙体验中。

2. 虚拟现实+网络服务，终端加网络数据服务

谷歌的 ARCore 在 2018 年世界移动大会（Mobile World Congress）上发布了 1.0 版，从那以后，谷歌发布了 60 个使用 ARCore 的应用程序。例如"电子鸡"，你会养大你的电子鸡角色，并在电子鸡城里居住——这是一个可以通过增强现实在现实世界中存在的虚拟小镇。不仅仅是游戏在利用 ARCore，一些规模较大的零售商也加入了这一行列。例如，通过陶瓷谷仓 360° 房间视图应用程序，你可以看到家具在你家里的样子，而不必真的把家具放进去，可以改变家具的颜色、布料等。eBay 也在利用 ARCore——帮助用户弄清楚你需要多大的盒子。使用该应用程序，你将能够可视化的大小需要与实际产品相比较的盒子。

对于大部分人来说，现阶段的虚拟现实设备更多是作为"游戏外设"广为人知，包括主流头戴式显示设备 Oculus Rift、HTC Vive、PS VR 等的主要受众也是游戏玩家。但这不意味着虚拟现实除了游戏之外就别无用处。相反，虚拟现实技术其实已在很多领域以润物细无声的姿态深刻影响和改变着该领域的格局。

事实上，一些科技公司已经准备提供不同的虚拟现实内容，它们的使命在于超越游戏，让用户看到更多虚拟现实的价值。美国趣味科学网站的报道，为人们列举出了虚拟现实技术超越游戏之外的其他十大应用领域及其现状。

1）娱乐产业：独领风骚

如果不是游戏产业抢先一步"迎娶佳人"，成为虚拟现实技术的主要用途，娱乐产业一定会拔得头筹。电影院的观众已经在享受 3D 电影了，但有了类似 Oculus Cinema 这样的应用，观众可以沉浸在电影体验里。借助这一应用，观众可以在虚拟现实头戴式显示设备投射出的巨大虚拟屏幕上看电影，就好像在个人影院里观看电影一样。而且在图像和声音效果的包围中，他们甚至会觉得自己身临其境。

2018 年 10 月 10 日至 18 日，由英国电影协会主办的伦敦电影节与 Power To The Pixel 公司合作举办了全新的虚拟现实故事展。此次的虚拟现实故事展通过搭载 Galaxy S6 智能手机的三星 Gear 虚拟现实上展出 16 部虚拟现实电影和体验。据悉，此次参展作品题材包括纪录片、科幻、动画还有艺术，所有作品都被设计成为虚拟现实体验。

除此之外，如果你是一名体育爱好者，虚拟现实平台公司 LiveLike 虚拟现实已经为

你搭建了一个虚拟球场，你可以躺在舒适的沙发上，和朋友共同感受比赛现场的激情。借助虚拟现实电影拍摄公司 Next VR 提供的服务，你还可以身临其境地观看太阳马戏团的表演，或者置身于 Codeplay 的演唱会，远离疯狂粉丝的喧闹。

Next VR 主要提供大型体育赛事和娱乐盛事的 3D 流媒体内容，通过专有的 3D 摄像机拍摄画面制作成虚拟现实影像，其中包括 NBA 球赛、F1 赛车等。三星 Gear VR 商店中已经可以下载到 Next VR 提供的内容。

虚拟现实的巨大潜能让很多领域纷纷对其抛出了"橄榄枝"，旅游产业也不甘示弱，搭上虚拟现实的便车。

2019 年"VR 美丽中国"活动被纳入"中国旅游文化周"，在法国（巴黎）、泰国（曼谷）中国文化中心进行了巡展，吸引了法、泰两国各界嘉宾及民众的高度关注与热情参与。下半年又在斯里兰卡（科伦坡）、尼日利亚（阿布贾）、拉脱维亚（里加）海外中国文化中心举办。通过"VR 美丽中国"旅游互动体验展活动，将中国旅游景观、历史文化"送到"海外，使更多的海外民众不出国门、甚至不出家门即可真实地"走进"中国、"感知"中国。

2）医疗保健：势不可挡

医疗保健产业一直都是虚拟现实技术施展才华的主要阵地，一些研究机构正在利用计算机生成的图像来诊断病情并提供治疗方案。

虚拟现实模拟软件公司"手术剧院和征服移动"开发的模拟软件能让外科医生把电子计算机断层扫描（CT）、磁共振成像（MRI）及其他影像重建和融合成三维虚拟现实模式，帮助新手和有经验的外科医生决定使用何种方法定位肿瘤，决定手术切口，或提前练习复杂的手术等。

该公司联合创始人、首席执行官莫蒂·阿维萨表示："在手术室采用我们的三维虚拟现实技术后，我们最新实现的最直接应用就是患者教育平台。外科医生需要尽力向患者及其家人解释和介绍病理及治疗方案。戴上虚拟现实耳机，'游走在患者体内'是向患者介绍病情的最好方法，患者可以走进自己的身体，了解治疗方案。"

除了手术，虚拟现实还可以作为一种高性价比且有趣的康复工具。在欧洲，中风和脑损伤病人可以使用瑞士神经技术初创企业"思维迷宫"创造的沉浸式虚拟现实疗法"思维跳跃"系统来恢复运动和认知能力。据该公司表示，"思维跳跃"里的虚拟练习和实时反馈让恢复过程好像是玩游戏，有助于鼓励患者每天练习活动，患者采用这一方法的恢复速度比传统物理疗法更快。

"思维迷宫"解释称，"思维跳跃"以意念为动力，是虚拟现实与增强现实的融合。该系统使用名为"神经护目镜"的头戴显示器，将神经传感器和动作捕捉摄像头融为一体，用于创造虚拟现实体验。

3）航空航天：渐入佳境

美国国家航空航天局（NASA）的科学家有一个艰巨的任务：寻找其他星球上的生命。因此，他们希望借用尖端的虚拟现实技术来控制火星上的机器人并为宇航员提供一种方式来减轻压力。NASA 的合作伙伴包含这个领域里绝大多数厂商：微软、Facebook、HTC、索尼和三星。

在 NASA 的喷气推进实验室内，研究人员把 Oculus Rift 和微软公司推出的 Kinect 2

传感器上的运动传感设备以及 Xbox One 游戏主机连接起来，来练习用操控者的手势控制机械臂。NASA表示，这套设备有望被用来控制火星车或其他数百万英里以外的设备。通过往这套设备里添加虚拟现实跑步机——Virtuix Omni 跑步机，研究人员也可以模拟在火星表面行走，从而让宇航员为未来人类登陆火星做准备。

在 2019 年的美国消费电子展上，整个消费技术生态系统在 CES 聚首，人们看到最新的 5G、AI（人工智能）、增强和虚拟现实、智慧城市、体育科技、8K 超高画质技术以及机器人等。在这里发布的诸多产品和服务将惠及全世界的人们，让生活变得更美好。

4）逛博物馆：一日览胜

虚拟现实也可以给人们的生活增添很多文化元素。该技术可以把用户立刻传送到巴黎卢浮宫、雅典卫城以及纽约市的古根海姆美术馆，一天之内游遍这些艺术圣地。

事实上，一些博物馆已经与开发商合作创建虚拟空间，在此，人们可以浏览和欣赏博物馆的实体馆藏。比如，2019 年 12 月 19 日，北京故宫博物院发布第七部大型虚拟现实作品——《御花园》。此部 VR 节目聚焦紫禁城里的皇家花园——御花园，利用三维特效真实呈现了御花园的全貌，结合史料研究创造性地还原了这里曾经的植物、动物、假山、建筑构成的生态系统，在虚拟现实的世界里再现了一个生机蓬勃的皇家园林。故宫博物院同时开启面向社会公众的"观影周"活动，与惠普联合举办的"V 故宫"巡展活动启动，着力推进"文化+科技"融合，推动数字故宫走向千家万户。

故宫人一直在努力运用数字技术让藏在禁宫中的文物"活"起来。从 20 世纪末开始，故宫博物院就开始了"数字故宫"的构想与建设。2003 年，故宫博物院创立故宫文化资产数字化应用研究所，通过 VR 技术实现了迄今为止最大规模、最完整准确的三维紫禁城重构。数字所是应用先进的数字化技术，保护、研究和展示故宫文化遗产，利用三维扫描、数码摄影、三维建模等数字化手段，采集、加工、存储古建筑和其他文物数据，建立故宫文物的三维数据库，利用虚拟现实技术（VR）及其他数字技术，立体再现文化遗产的原貌，全方位推进数字技术在故宫博物院的综合应用。"数字所已制作完成了 6 部虚拟现实节目"，分别是《紫禁城·天子的宫殿》《三大殿》《养心殿》《倦勤斋》《灵沼轩》和《角楼》，这些节目可以在位于数字所内的虚拟现实演播厅播放，每场可容纳数十人观看，已接待数万人次的观众。

无独有偶，位于纽约的美国自然历史博物馆也推出了一些人们可以借助谷歌公司的虚拟现实设备"谷歌纸板"来欣赏的馆藏，任何拥有智能手机和"谷歌纸板"的人都可以马上参观该博物馆。

5）汽车制造：已成"主角"

多年以来，从设计过程到制造出虚拟的原型，汽车制造商一直在使用高科技进行模拟，福特汽车公司可谓其中的"领头羊"。自 2000 年以来，福特就开始在汽车设计过程中以多种方式利用虚拟现实技术。2010 年开始，已有 111 年历史的福特将虚拟现实技术置于汽车开发中心。福特认为，虚拟现实技术能使产品的研发速度得到提升，无须等待模型车的实际制造，对汽车的改进更加方便。

在福特位于密歇根州迪尔博恩的"沉浸式实验室"内，员工可以戴上 Oculus Rift VR 头盔在多种不同条件下以虚拟方式查看汽车，如模拟明亮的白天、多云天气以及夜间，从而了解在这些条件下汽车的外观。此外，员工也可以在汽车被生产出来以前，通过

Oculus Rift 获得乘坐体验。而且，这个虚拟现实原型系统还使来自不同部门的设计者和工程师们能仔细检查不同的零件和组件，如发动机和内饰等，并发现一些潜在的问题。

奥迪也不甘示弱，在汽车生产装配阶段同样发挥了这项技术的巨大潜力。奥迪推出了一项名为"虚拟装配线校检"的技术，利用 3D 投射和手势控制，可以使流水线工人在三维虚拟空间内完成对实际产品装配工作的预估和校准。

虚拟现实技术在汽车销售领域同样发挥着特殊的作用。比如奥迪和 Oculus 合作推出了一项虚拟现实选车服务。客户可以在任意经销商处使用 Oculus Rift 浏览奥迪旗下所有车型，Oculus 能为用户带来更为真实的模拟体验。用户可以通过它模拟坐在车里的真实场景，并通过场景设置来浏览车型内部不同的皮革、颜色、装饰以及车载娱乐系统。福特公司也使用虚拟现实帮助客户实现驾车体验，利用 Oculus Rift 头戴设备可高分辨率地观察汽车内饰和外饰效果。

6）教育行业：寓教于乐

汽车行业不仅仅把虚拟现实用于设计目的，还用于教育目的。例如，丰田汽车公司使用 Oculus 头盔作为其"测试驾驶 365"活动的一部分，来教育青少年和他们的父母，告知其驾驶过程中分心的危害。分心驾驶模拟器系统中含有传感器，负责采集传送用户使用踏板及方向盘等信息。还有提前设定好的"分心考验"，比如手机振铃或是坐在后排聒噪不休的乘客等。

该公司说，虚拟现实头盔所提供的身临其境的体验可以彻底改变教育的各个领域。丰田公司的官员说，让各年龄段的人都可以参与复杂概念的实地考察和模拟，虚拟现实可以让认知学习过程更加快速高效。

Unimersiv 和 Cerevrum 就是其中的翘楚。Unimersiv 是一个教育类虚拟现实内容平台，它提供的《虚拟现实恐龙》是一款内容涵盖 8 种恐龙的教育类体验，该体验不仅可使用户与真实比例的恐龙面对面，而且还能使用户通过 Unimersiv 的信息图标去探索关于每种恐龙的新鲜有趣的科学事实。电影《侏罗纪世界》中的全息投影恐龙让人憧憬，而现在已经能通过虚拟现实技术初步实现这一目标了。

Cerevrum 则是一款可以在虚拟现实环境里进行认知能力（观察力、记忆力、想象力、注意力）训练的应用，这款应用支持各种虚拟现实头戴式显示器。不同于传统的书本、DVD 等 2D 式学习方式，Cerevrum 提供的是沉浸式 3D 认知训练，让用户更加自然地增进认知能力。而且该应用采用独特的算法，配乐会因玩家的不同表现而实时变化。

除此之外，在 Gear VR 上还有很多其他教育游戏，如语言屋就是通过这种方式来进行外语学习的。另外，外科医生在髋关节手术中佩戴虚拟现实设备，也可给其他实习医生进行手术视频体验教学。

7）法庭评审：正义利器

为了让不具备专业法律知识的陪审团做出更公正的判断，法庭可能也要出动虚拟现实设备了。在其帮助下，评审团成员或许再也不用通过查看单调的二维照片来评估犯罪现场，在三维环境中查看案发现场将有助于陪审员更好地了解人与其他物体（如子弹）在空间中的移动情况。

其实，早在 2009 年，来自西班牙萨拉曼卡大学的冈萨雷斯·阿奎莱拉和同事就首先让 3D 模拟案发场景成为可能。

2014 年，瑞士苏黎世大学的研究人员拉瑞斯·艾伯特领导的研究团队在《法医学、医学和病理变化》期刊上发表了一篇论文，详细描述了他们建立的"法庭装甲"系统借用 Oculus Rift 在重建事件和犯罪场景方面的潜在用途。他们发现，交互技术的使用让人们更容易想象和理解案件的细节，并帮助做出犯罪嫌疑人有罪与否的决定。

8）冥想体验：按摩大师

在结束了一天的工作后，躺在一个阳光灿烂的海滩，是不是一件非常美妙的事。通过"冥想指导"虚拟现实程序，使用者可以戴上 Oculus 头盔，沉浸在一个放松的环境里。"冥想指导"利用虚拟现实所创建的四个美丽环境，可以让人们精神放松、减压。它可以带人们到湛蓝的海边沐浴阳光海风，也可以到隐秘的森林坐拥群山瀑布，还可以到静谧古朴的庭院以及夕阳西下的深秋。在这样的环境下，人们可以短暂地邂逅心中的禅意，释放内心的压力和焦虑。研究公司表示，正在努力更新更多的功能或添加其他环境等。

2014 年发表在《美国精神病学》杂志上的一项研究指出，这样的冥想体验可以减轻日常生活中的压力和焦虑。研究者还表示，虚拟现实技术可以给患者提供一个安全、可控的环境让他们接触令他们害怕的事物，因此，也可以作为一些更严重的压力疾病的治疗工具，如创伤后应激障碍（PTSD）和惊恐障碍或恐惧症。

西班牙 Psious 公司开发的针对航空恐惧的疗法会把人置于焦虑的来源中，使他们能面对以后现实世界中的飞行恐惧。该公司还提供了其他多种模拟器，包括帮助克服蜘蛛恐惧症、针头恐惧症、幽闭恐惧症和公开演讲恐惧症等。

有研究表明，虚拟现实在治疗某些恐惧时，比传统的心理疗法更有效，而对于遭受创伤后应激障碍折磨的退伍军人来说，此类虚拟现实接触疗法本身的作用和虚拟现实疗法与药物结合的方法一样好。过去，虚拟现实系统软硬件成本太高，应用推广不现实，然而随着硬件成本的降低，现在的解决方案能够被一般消费者接受了。例如 Psious 出售的硬件，包括 Homido 头盔、智能手机和触觉反馈装置，整个的软硬件套件不到 300 美元。

Deep Stream 虚拟现实公司则将一个投影屏幕和跑步机结合在一起，病人可以通过计算机生成的一条虚拟小径进行"步行冥想"。

9）在线购物：实时体验

很多人已经对在线购物网站耳熟能详，甚至视若无睹，但像 Trillenium 这样的虚拟现实应用将成为消费者在线购物的下一站。货不对板，饱尝"买家秀"的辛酸？Trillenium 的出现或许可以改变这个局面。

这些应用可以提供整个商店的虚拟导游，提高传统在线购物的体验。相对于传统的通过查看网站目录进行购物的方式，消费者可以借此得到实时的购物体验，甚至和朋友一起购物。该应用已经得到欧洲一家在线零售商——英国网上服装零售商 ASOS 的注意。通过与 Trillenium 合作，消费者很快就能通过使用头盔从 ASOS 上购物，就像从亚马逊上购物一样轻松。Trillenium 的创始人说："我们将和 ASOS 一起找到一个改变网购的新模式。"

Trillenium 研发的平台可适配于市面上包括 Oculus Rift、Google cardboard glasses、Samsung Gear VR、HTC Vive、Sony Morpheus 在内的大多数头显。

10）军事训练：实战演习

美国军方经常使用虚拟现实模拟器训练士兵。《虚拟战场空间2》和Unity 3D等软件制作的游戏的非商业性版本被用于训练部队的作战能力。这种游戏一样的模拟能使团队在使用真实世界的战术装备之前，在虚拟环境中练习彼此协作达成目标。这种沉浸式的环境非常重要，因为这种训练能够紧紧抓住学员的注意力，因此效果更持久，也更容易被理解。

据报道，美国海军陆战队已经购买了《虚拟战场空间》游戏的使用许可证。凭借这一许可证，美国海军陆战队将随意配置VBS/VBS2这一系列训练系统，进行战术训练、试验以及任务演习。VBS2的使用者包括美国陆军、美国特勤局、美国西点军校、英国国防部、澳大利亚国防军、加拿大军队、芬兰国防军、法国武装部队、新西兰国防军等。

3.2　虚拟现实技术的创新创业机会

2016年后，虚拟现实、增强现实技术及相关新兴产品，从尖端技术领域逐步走向公众视野，各方均迫切需要一个权威的跨界平台，将企业、资源、人才全部聚集起来，共同解决行业面临的技术、标准、政策等问题。在此背景下，由汉威文化、微软、索尼、三星、NVIDIA、EPIC、盛大集团、暴风魔镜、乐视虚拟现实等十余家国际知名虚拟现实、增强现实娱乐企业共同发起组建的中国虚拟现实、增强现实娱乐产业联盟（简称VR EIA）应运而生。

以后可能戴上眼镜就可以让你走进另一个虚拟世界，这也是虚拟现实技术的创新创业机会所在。虚拟现实、增强现实作为继PC、智能手机后又一重要应用端平台，已进入快速发展的新阶段。随着虚拟现实、增强现实技术及应用的快速拓展，虚拟现实、增强现实娱乐产业也日渐成为关注的热点。据艾媒咨询2020年市场规模预计将超过84.6亿元美金。

增强现实，通过计算机技术，将虚拟的信息应用到真实世界，真实的环境和虚拟的物体实时地叠加到了同一个画面或空间同时存在。虚拟现实、增强现实结合主要应用领域分别为视频游戏、事件直播、视频娱乐、医疗保健、房地产、零售、教育、工程和军事。据高盛分析师总结，虚拟现实和增强现实有潜力成为下一个重要计算平台，如同PC和智能手机，并有可能像PC的出现一样成为游戏规则的颠覆者。HTC中国区总裁Alvin W.Graylin认为虚拟现实这场革命将会改变一切，8~10年内每个行业内都将受到虚拟现实的影响，每个人都会用虚拟现实、每个屏幕都将会被虚拟现实替代。极乐互动CEO暴风魔镜合伙人认为明天的世界将是虚拟的，虚拟现实社交代表未来。

作为全球前沿的技术，很多嗅觉灵敏的开发者和大的平台已经开始布局，所有人都会有两种心情同时并存，第一种是非常兴奋，在前沿的领域拿到了投资，准备要开始大展拳脚；第二种是虚拟现实领域还没有一个绝对成熟的商业模式让开发者去借鉴，以至于对于未来会产生很多迷茫。

乐视虚拟现实垂直布局旅游、音乐、游戏、影视等领域致力打造一个完整的虚拟现实开放生态系统。乐视表示："现在虚拟现实整个行业的发展痛点是它的新和过长的价值链，在里面我们看到有系统的开发者、内容提供商、内容平台服务商、硬件制造商等企业共同加入，其实是一个很长的产业链，而且每一个产业链的细分用户构成暂时还享受不到中国的人口红利，用户还不够多，不够造成足够轰动的效应和商业化模式的沉淀，我们更多希望能够进行整个行业的生态整合，帮助整个中国虚拟现实行业的发展。"

另一方面，内容或成为初创业者涉足的小切口。虚拟现实不同于大数据，大数据投资门槛太高，但虚拟现实的内容，普通创业者也可以参与其中。相比云计算、大数据等，虚拟现实、增强现实的进入门槛并没有那么高，更能被普通科技创业者所青睐。不过虚拟现实、增强现实领域还没有形成一个成熟的生态，在内容上硬件、软件、平台、系统不可避免地存在一定的"陷阱"，发展会有一定的起伏。初创企业以内容为小切口涉足虚拟现实、增强现实领域仍会有市场潜力，未来大有弯道超车之势。国际国内很多大型企业都在布局虚拟现实和增强现实，因此不管是硬件还是软件，都已经被几家大的巨头霸占。国内早期创业者的机会是虚拟现实内容，创业者如果瞄准硬件会很难，需要大成本、大投入。

未来虚拟现实、增强现实市场对内容的需求量会非常大，未来有很多领域具有新的投资或者是创业的机会。首先是开发工具，在整个虚拟现实、增强现实行业有很多方面可以进行软件工具开发，其中存在巨大的机会；同时，整个虚拟现实、增强现实的数据量、传输量非常巨大，对整个基础设施的要求会提高，对大数据以及对各类数据的收集、采集和分析也成为一个新的创业发展机会。

3.2.1　虚拟现实结合设计思维

计算机技术、虚拟现实技术为主并集多种技术为一体的先进技术开始在创造性活动中发挥作用，在众多领域都起到了重要作用。研究如何将虚拟现实技术引入文化、艺术、产品设计中，有着十分重要的现实意义。

1. 文化创意创业

虚拟现实技术作为数字技术中神奇的科技成就之一，为艺术家提供了这一自由的手段，同时也为扩展艺术家的创造力和认识论视野开启了一个额外的维度：它打破了以往艺术实践的经验模式，在它创建的世界里，任何一种信息以及任何构成其原始存在的物质性因素，都可以变为可以控制的电子"变量值"。可以说艺术的发展总是同等地反映由技术进步所引发的变革。

艺术家通过诉诸虚拟现实、增强现实等技术思想的把握，可以采用更为自然的人机交互手段控制作品的形式，营造出更具沉浸感的艺术环境，打造现实情况下不能实现或难以实施的艺术梦想，并赋予创造的过程以新的含义。例如，具有虚拟现实性质的交互装置系统可以设置观众穿越多重感官的交互通道以及穿越装置的过程，艺术家可以借助软件和硬件的顺畅配合来促进参与者与作品之间的沟通与反馈，创造良好的参与性和可操控性；通过视频界面进行动作捕捉，存储访问者的行为片段，以保持参与者的意识增强性为基础，同步放映增强效果和重新塑造处理过的影像；通过增强现实、混合现实等形式，将数字世界和真实世界结合在一起。观众可以通过自身动作控制投影的文本，如数据手套可以提供力的反馈，可移动的场景，360° 旋转的球体空间不仅增强了作品的沉浸感，而且可以使观众进入作品的内部，甚至操纵它、观察它的过程以及参与再创造的过程。

在创意过程中，加强设计素描和徒手草图的训练是作为一个设计师成功的必经之路。人们通过眼睛对事物的认知和大脑不断的形象化思考，并将其转化为视觉形象和图形意象，再通过徒手草图的勾勒，使视觉形象跃然纸上。画面所勾勒的形象又通过眼睛的"看"反馈到大脑，进而刺激大脑进行再思考、再创作，在如此循环往复的过程中，最初模糊的设计意象和创意构思随之逐渐清晰、深入和完善起来。这就是艺术创造的有机过程："观察——发现——思考——创造"，这就是人们常说的"心智图法"，是利用具体的图形刺激思维，根据图像来整合自己的想法和所接受的信息，是用形象去思维的一种方法，是意念图像的物化过程。这个过程有助于提高观察问题、发现问题、分析问题的能力，进而提高创造性思维能力以及综合的设计修养，使设计者产生更多的新构思和新创意。这些基于"动手"能力和创意的过程就是设计基础教学中"设计素描"教学的主要内容。以线条、明暗、形象、符号、色彩等图形元素，将大脑的意念、灵感、设想和信息等散乱的想法组合起来，并以视觉形象的形式体现出来，成为一幅心灵图形。鲁道夫·阿恩海姆曾经说过："这样一些绘画式的再现，是抽象思维活动适宜的工具，因而能把它们代表的那些思维活动的某些方面展示出来。"设计素描教学中的徒手训练，就是这种形象化的思考方式，是对视觉思维能力、想象创造能力、绘画表达能力三者的综合。训练过程中，在乎于观察、发现、思考，通过动手达到动脑，有效地提高和开拓创造性思维能力的目的。纵观国内外的许多优秀设计师的成功之道，均得益于此，他们都有一手出色的徒手表现和评价的能力。

虚拟现实设计系统通过模拟道路环境如各类建筑、桥梁、隧道、水域、植被绿化等，还能模拟各种天气环境如早晨、中午、黄昏、大雾、下雨、下雪等，形成高品质的艺术效果和高画质渲染技术。还可以借助多通道环幕（立体）投影系统，采用多台投影机组合而成多通道大屏幕展示，比普通的标准投影系统具备更大的显示尺寸、更宽的视野、更多的显示内容、更高的显示分辨率，以及更具冲击力和沉浸感的视觉效果。

例如，智能穿戴设备与虚拟现实技术的融合与创新，运用在教育领域也将发挥其可视性、趣味性、交互性的优势。

2. 艺术、产品设计

在虚拟现实越来越火的时代，各行各业争相加入虚拟现实的产业。设计师们也逐渐参与到这场盛宴里来了。虚拟现实与艺术设计的结合，堪称完美。

虚拟现实最大特点之一就是全景操作，谷歌开发的名为 Tilt Brush 的绘画软件，该软件需要设计师带上虚拟现实眼镜后就可以尽情发挥想象，在空间中随意创作。以前，设计师们伏在桌边用铅笔、橡皮和三角尺作图，工作效率并不高。后来坐在办公室用计算机里的软件辅助绘图，没日没夜地对着计算机屏幕。之后就有可能实现在虚拟现实中进行创作，那时设计师们可以带着虚拟现实设备在虚拟现实世界里用虚拟现实版的 PS、AI、sketch 等软件建模，设计好后直接传送给老板。

一家位于加拿大卡尔加里的公司 DIRTT Environmental Solutions 已将他们的室内设计产品跟虚拟现实技术相结合。DIRTT 的首席技术官兼联合创始人 Barrie Loberg 研发了该公司的 ICE 3D 设计软件，让用户可以通过使用该公司的建筑产品进行互动。应用虚拟现实技术可以非常完美的表现室内环境，并且能够在三维的室内空间中自由行走。在业内可以用虚拟现实技术做室内 360° 全景展示、室内漫游以及预装修系统。虚拟现实技术还可以根据客户的喜好，实现即时动态的对墙壁的颜色进行更换，并贴上不同材质的墙纸。地板、瓷砖的颜色及材质也可以随意变换，更能移动家具的摆放位置、更换不同的装饰物。这一切都在虚拟现实技术下将被完美的表现。

在美国，虚拟现实技术已融入服装设计，消费者可以在家里带上一个虚拟现实眼镜，通过网店试选衣服。消费者可以将自己的身体数据上传给服装设计师，设计师可以在虚拟空间里先选择和设置布料的参数（重力，风力），进行人体动力学运动的模拟和仿真，人们在购买衣服时可以在家试穿虚拟的衣服，然后购买，这样就不会出现网购尺码或样式不满意的结果。

国内一家在建筑设计领域以虚拟现实技术为切入口的公司——光辉城市。该公司的建筑设计师将 Sketchup、3Dmax 等主流模型文件一键上传至 Smart+平台，半小时左右即可获得由云端引擎全自动转化的虚拟现实展示方案，客户可以戴上虚拟现实头显观看全方位的立体建筑模型。效果图是建筑行业里的重要环节之一，如果交互性不足，效果图只能做定点渲染，展现的内容非常有限。动画虽然可以多方位展示构想，但人却不能参与其中进行随心所欲的漫游。虚拟现实技术的引入可以使设计师和客户在设计的场景里自由走动，观察设计效果，完全替代了传统的效果图和动画，实现 3D 漫游。

在福特汽车的 Immersion 实验室内，通过佩戴虚拟现实头显，进入虚拟环境中，汽车工程师可以观察到许多细节，例如灯光的位置、尺寸和亮度，以及其他设计元素的位置和形状。奥迪也推出过一项名为"虚拟现实装配线校检"的技术，利用 3D 投射和手势控制，可以使流水线工人在虚拟现实空间内完成对实际产品装配工作的预估和校准。虚拟现实技术已经在汽车制造业中加以应用。在汽车设计阶段，厂商可以利用虚拟现实技术得到 1 比 1 的仿真感受，对车身数据进行分层处理，设置不同的光照效果，达到高度仿真的目的。然后还可以对该模型进行动态实时交互，改变配色、轴距、背景以及查看细节特征结构。设计师可以第一时间看到效果。

虚拟现实技术在艺术设计中的应用，可以弥补环境艺术创作中存在的不足，减少艺术设计受到活动经费、场地、工作设备的限制，还能够降低设计成本，及时对设计做出修改，有效地对环境设计做出预案，加深工作者对环境艺术设计工作内容的理解以及把握。虚拟现实技术辅助环境艺术设计在很大程度上提升了艺术创作的效率。

利用虚拟现实技术设计者完全可以打破时间以及空间的限制，各个环节的联系一目了然，进而整个环境艺术作品能够全部展现出来。设计者也可以及时发现问题，及时改正，有效地提高环境艺术设计作品的效率和质量。

虚拟现实技术利用先进的科学技术使环境艺术创作达到全新的高度，环境艺术创作也使科学技术得到充分地利用。两者相辅相成，使科学技术充满艺术内涵，也使艺术在科学技术的基础上得到更好的发展，让人类的生活更加丰富多彩。艺术设计师已经不像以前那样依靠烦琐、单一的手段来表达艺术设计思维。虚拟现实技术帮助环境艺术设计者冲破传统的束缚，激发艺术设计所蕴含的巨大潜力，为艺术设计开拓巨大的发展空间。

3.2.2　虚拟现实和公益事业结合带来的创新创业机会

1. 针对自闭症的虚拟现实应用

虚拟现实的应用可以改善人们的生活，让世界变得更卓越，推动和探索技术和社会事业的交汇点。例如，英国社会企业 Hao2 3D Novations 开发了针对自闭症的虚拟现实应用。他们使用 3D 虚拟现实技术开发的服务和产品让自闭症等特殊群体能够学到社交和其他与工作相关的技能，以获得平等的就业机会。人们可以用设计思维等创新方法论来帮助他们的产品和业务模式的本地化工作，以满足用户的需求。虚拟现实针对自闭症的虚拟现实应用除了 IM，Voice Over，各种机动等功能之外，还提供了三个主要功能：媒体板、幻灯片共享和贴纸帖子。同时要指出，提供的这些功能不能说是很新颖，但 SAP 的 CSR 志愿者和 Hao2 本身之间的协作工作是一种崭新的合作模式。这可能会是 SAP 这样的公司和外部合作研发的新途径。

2. 虚拟现实技术应用于消防安全

当今科技飞速发展，火灾情况的复杂度也在逐渐提高，这就需要人们在日常的演练中以实际为导向，根据实际情况的需要进行有针对性的演练，使演练更加接近真实场景。虚拟现实技术给人们的仿真训练提供了一个可贵的渠道。虚拟现实技术可以对真实场景进行复原，让模拟的环境尽量逼真，达到与真实演练一样的效果，还可以减少对人员和金钱的投入，一举两得。依照真实场景中需要怎样的技能，在演练时进行重点演练，增强针对性，对于突然发生的火灾要有足够的心理准备，对消防技能的应用要得心应手，消防部队要实现团队协作，保障日常演练的高效率。

在以往的火灾现场，工作人员会遇到很多必须使用专业技术才能成功处理的案例，因为单单使用人的眼睛和思维是很难进行判断的，此时人们需要利用先进的科学技术加以帮助，如虚拟现实技术。工作人员可以成功运用虚拟现实技术，创建能够使人们信服的、有着充分科学依据的模型，而虚拟现实技术也可以较完整地分析火灾发生的原因，其根据则是该技术所使用的一系列先进的科学技术成果。工作人员使用了虚拟现实技术，可以更加准确地判断火灾发生的原因，同时虚拟现实技术也能够为意外事故提供现场证明。

3. 虚拟现实建筑安全教育系统

虚拟现实建筑安全教育体验系统大大降低了投入演练的时间成本，提高了宣传培训的效果，并且打破空间的限制，方便组织人员随时随地进行建筑安全培训。让体验者能沉浸式体验建筑安全区的每个项目，还可以开展消防安全、地震安全、交通安全、公共安全、校园安全、工业安全、建筑安全等多种安全教育。作为一种新型的安全教育方式，虚拟现实安全体验馆打破了传统的被动式培训，让作业人员能够感受施工过程中可能发生的各类危险场景，从而亲身感受违规操作带来的危险，积极主动地去掌握安全操作技能，提高安全意识，进一步提升建设质量。改变以往的"说教式"教育创新为"体验式"教育，更能体现出人为本、安全发展的理念，虚拟现实让虚拟与现实融合，完成最安全的"危险"教育课程。

虚拟现实安全体验系统内容包括新手指导营、安全事故体验区、虚拟现实交互式安全体验区等。

4. 虚拟现实与地铁防灾决策系统

地铁的运输量将大幅增加，地铁乘客的人员构成比较复杂，如何降低灾害的发生和减少灾害发生后的损失是一个重要的课题。

虚拟现实与地铁防灾决策系统重点在于对地铁内部易发生灾害部位的研究、灾害发生后扩散的研究、灾害情况下人员疏散的研究。为灾害救援提供科学依据，为救援行动提供辅助决策支持，为灾害救援训练提供手段。

地铁防灾虚拟现实决策系统针对现有的地铁防火规范以及相关的其他应急实验数据多为根据演习和事件调查得到，其结果很难反映真实的情况这一问题，借助计算机工具，实现地铁火灾防灾的仿真模拟。针对地铁火灾的特点，通过对地铁火灾烟气流动特性、人员逃生特性的研究，并结合虚拟现实系统强大的用户交互功能，建立地铁火灾预案制作平台和用户平台，实现地铁火灾防灾的仿真模拟。

预案应用部分包括地铁及附近场所的基本信息（单位概况、周边情况、建筑布局、疏散通道、消防设施、重点部位、消防力量、联动力量、消防组织）、灾情选择、灾情评估、力量编成、二维部署、三维部署、二维供水、三维供水、动态演示等，还可以对不同位置和类型的火灾进行模拟计算。同时开展了人员逃生特性及逃生模块研究，建立了地铁火灾数据库，最终实现能对不同火灾情况进行实时、准确、真实的仿真。虚拟事件处理，可以针对灾害情况部署人员撤离行动三维虚拟演习。

5. 虚拟现实在医疗领域的 10 大实践

虚拟现实真的来了。仅考虑医疗保健领域，它的潜在应用价值都是巨大的。多年来，科学家和医学专家一直致力于开发、研究虚拟现实，以利用虚拟现实的方法来帮助他们诊断病情、治疗患者及培训医务人员。

许多虚拟现实技术已在临床实践中得到应用。当然，随着虚拟现实技术的不断发展，这些方法也在不断地发展完善。下面将介绍十种已应用于实践的案例。

1）暴露疗法

暴露疗法是治疗恐惧症的方法之一。路易斯维尔大学的精神病学家曾使用虚拟现实帮助患者克服恐惧，治疗幽闭恐怖症患者。在此案例中，用虚拟现实技术为患者创建一个可控的模拟环境，使患者可以打破逃避心理、面对他们的恐惧，甚至还可以练习应对策略。所有的这些都归功于虚拟现实技术的运用——模拟的世界是私人设置的、安全的，可以人为轻松地停止或重复。

2）治疗创伤后应激障碍

类似于暴露疗法可用于治疗恐惧症、焦虑症，虚拟现实也可用来治疗士兵的创伤后应激障碍（PTSD）。南加州大学的创新技术研究所在一篇论文中提到，早在 1997 年佐治亚理工学院发布所谓的 Virtual Vietnam 虚拟现实时，虚拟现实已被用于治疗创伤后应激障碍。诊所和医院正使用虚拟现实技术模拟战争，帮助退伍军人重复体验他们经历的创伤性事件。在安全、可控的虚拟环境中，他们可以学习如何处理危机，从而避免危险的发生，保护好自己与他人。

3）止痛治疗

对于烧伤患者来说，疼痛是一个不得不面对的问题。医生希望通过虚拟现实来分散患者的注意力，采用分心疗法来帮助他们处理疼痛。华盛顿大学推出了一款虚拟现实的视频游戏 Snow World，在游戏中，患者可以向企鹅扔雪球，听 Paul Simon 的音乐，通过抑制疼痛感、阻碍大脑中的疼痛通路来减轻治疗过程中的疼痛，如伤口护理、物理治疗等。由军方负责的 2011 年的一项研究显示，对因爆炸烧伤的士兵来说，Snow World 的止痛效果比吗啡更好。

4）外科培训

外科医生在接受培训时通常要与尸体打交道，他们在接手手术任务或者在手术中担任更大角色之前，必须要经历一个不断积累经验、循序渐进的训练过程。虚拟现实技术可以通过虚拟手术现场，使外科医生能够身临其境地模拟手术过程，对真正的病人没有任何风险。

斯坦福大学的手术模拟机甚至能为外科培训者提供触觉反馈。斯坦福大学的内窥镜鼻窦手术模拟机用患者的 CT 扫描创建三维模型，供培训者模拟手术。此例于 2002 年已投入使用。虽然这项技术没有使用头戴显示器，但这项基础性工作对未来虚拟模拟的有效性有一定的增进作用。

5）幻肢疼痛

对于失去肢体的患者，幻肢痛是一个常见的医疗问题。比如，有些没有手臂的人会感觉自己一直紧握着拳头，无法放松，而很多幻肢痛比这更令人无法忍受。过去往往采用镜像治疗法来解决幻肢痛问题，让病人看看自己健康肢体的镜像，这样大脑就有可能与真实肢体运动和幻肢运动同步，从而缓解幻肢痛。

医学杂志《神经科学前沿》（*Frontiers in Neuroscience*）上发表了一项研究报告，对虚拟现实游戏在减轻幻肢疼痛中可能扮演的角色进行了研究。报告指出，传感器能够接收来自大脑的神经信号。在游戏中，患者使用虚拟肢体来完成规定的任务，这能帮助他们获得一定的控制力和学习能力。例如，他们能够学着如何放松自己那痛苦地握紧着的拳头。

6）脑损伤评估和康复

一篇在《网络心理学和行为》（*Cyber Psychology And Behavior*）上发表的综述指出，虚拟现实不仅可用于损伤评估，还能用于机体康复。该杂志的一篇报告与执行功能，即与"在排列顺序、组织行为、规划问题等方面存在障碍"有关。该报告称，科学家创造了一个虚拟现实的世界，在这个世界里有一个有着不同颜色大门的建筑，要求体验的用户必须到达出口。

它应该是类似于威斯康辛卡片分类任务（Wisconsin Card Sorting Task，WCST），即一个要求参与者匹配卡片的神经心理测试。他们并不告诉参与者匹配方法，只告诉他们匹配结果的正误。"作者得出的结论是，他们和 WCST 一样，也是对用户进行认知功能的测试。但虚拟现实法可能更生态、更有效。"《网络心理学和行为》写道。

7）对患有自闭症的年轻人进行社会认知训练

Dallas 是德克萨斯大学的教授，他创建了一个培训项目，帮助自闭症儿童学习社会技能。该项目利用大脑成像和脑电波监测技术，用虚拟化身法让孩子处于工作面试、社交等情形之下。这能帮助他们了解社会的一些情况，使他们的情感表达方式更具有社会认可性，更好地融入社会。通过对参与者进行脑部扫描发现，完成培训项目后，与社会理解能力有关的大脑活动区域，其活力有所提高。

8）冥想

冥想是治疗一般焦虑的方法之一。Oculus Rift 的新应用程序 DEEP 旨在帮助用户学习如何做深深的、冥想式的呼吸。虚拟现实体验就像是在一个水下世界，它利用贴附在胸部的环带检测呼吸，而通过呼吸，体验者可以从一个地方到另一个地方去，呼吸是这个游戏唯一可控制的变量，是决胜点。游戏的另一个好处是扩大了体验者的范围，人人都会呼吸，不会操纵杆或控制器的人也可以体验。

9）残疾人的机遇

纽约时报早在 1994 年就描述了虚拟体验的一种用例，让一个患有脑瘫的 5 岁男孩滚着轮椅驶过草地，让 50 名患有癌症的儿童在动画鱼缸里"游泳"。

2017 年 10 月 31 日，在荷兰阿培尔顿的 Heeren Loo 残障人士护理中心，一位治疗师用一种会播放海豚电影的新型尖端防水虚拟现实眼镜，让你体验与野生海豚一起游泳。本来梦想在池子里圈养海豚与其共同游泳是被环保人士抵制的一种不良行为。荷兰非营利性组织 Dolphin Swim Club 通过 VR 技术提供身临其境的体验，让人们特别是残障人士更身临其境地感受与海豚一起游泳的这种愉快体验。

10）眼弹钢琴

耳机制造商 Fove 集资创建了一个称为眼弹钢琴（Eye Play the Piano）的虚拟现实应用程序，利用耳机的眼动跟踪技术让身体障碍的孩子用眼睛来弹钢琴。

6. 虚拟现实应用数据分析

随着内容的开发，越来越多的用户被各种体验吸引。因为它是一个相对较新的平台，内容开发公司将面临几个挑战。有些是由于该技术的新生性质，而其他的则与传统游戏和虚拟现实游戏体验之间的显著差异有关。

首先最重要的是，内容开发者负担不起奢侈的长周期开发。策略是先推出一个体面的产品，然后在消费者反馈的基础上进行改进。如果你致力于长周期开发，为内容预测用户的每一个需求，那么你将面临失去市场认可和收入确认的风险。

为了做出最佳决策，开发者总是在寻找能给自己提供有洞察力信息的分析。例如，如何通过大量"凝视数据"理解用户参与并且抓对重点。在虚拟现实中，视觉通知可能会被忽视。捕捉这种类型的设计缺陷，其他虚拟现实设计问题已经很难分析。虽然在这个平台上测试很难进行，但它将发挥非常重要的作用，推进虚拟现实发展。该小组必须确保在环境中的每个场景和可能的位置维持一致的帧速率。索尼的 Vernon H 提出用户体验是首要的。Vernon 警告说："任何掉帧都会引起不适，不只是打断存在感。"索尼正在推动 90fps 作为其内容制作商的标准。在产品可以被部署为一个消费级虚拟现实体验之前，必须花费大量时间进行用户测试，并且构建增量版本解决最基本的用户体验问题。然后决定测试策略和最佳资源如何分配？

虽然现在对于虚拟现实的分析能力是有限的，有些新兴公司正在发展这种核心能力作为其提供的服务。Unity 提供的"博弈分析"对于一些独立游戏开发商来说是重要资源。

说到虚拟现实，冰岛的一家公司 Ghostline 开发的一种以服务提供为基础的虚拟现实分析。他们承诺帮助创作者更快、更可靠地做出决策，并增加你的创新时间。他们的分析平台将支持 HTC、Oculus 和 PlayStation 虚拟现实。处于 Rivers 项目的 Retinad 也在解决虚拟现实游戏分析和使用广告的相关货币化问题。FishBowl 虚拟现实平台允许开发人员测试产品。他们平台的目的是通过数百名早期采用者的远程面板让虚拟现实开发人员来弄清楚什么行得通，什么行不通。在这个行业里关注分析和广告优化服务的另一家新贵是 Adoptimal。

3.2.3 从学术到虚拟现实技术创业

中国增强现实网称在虚拟现实元年，涌入该行业创业的人数不胜数，但真正掌握核心技术的人不是很多，因为获取独创的核心技术是需要较长时间，而且需要长期专注于一个领域的研究。

叠境数字主要专注于光场采集和成像技术的研究和产品化，为优质的虚拟现实和增强现实内容制作提供一套完整的光场解决方案。市面上主要有两类虚拟现实和增强现实的内容：一类是用计算机建模软件和 CG 的方式制作，具有立体感和沉浸感，但画面不真实；另一类是拍摄的普通 360° 全景视频和图片，画面真实，但缺少立体感和沉浸感，也无法产生真实的互动。这两类内容的虚拟现实、增强现实体验都不太好，而他们的光场技术能完美地解决这个问题，既有立体感和沉浸感，又保留了画面的真实，真正还原现实中人眼所见的场景。针对 B 端的需求，已经推出了专业高清的光场采集和处理系统以及解决方案，在虚拟现实和增强现实的影视、购物、直播、教育、医疗、展览展示方面已经开始内容的制作和相关的合作。针对 C 端的用户，也将光场相关的采集和显示技术同各硬件品牌厂商合作，以技术授权和合作开发等方式共同推出光场类的虚拟现实和增强现实头盔、光场摄像机等消费类电子产品，使消费者可以自己拍摄和享受优质的虚拟现实和增强现实内容。与此同时，建立虚拟现实和增强现实的内容平台，以 B 端的 360 3D 直播、光场拍摄系统、内容解决方案和 C 端的光场头盔、光场摄像机作为切入点，围绕虚拟现实和增强现实内容平台，不断丰富和分发优质的虚拟现实和增强现实内容，打造一个完整的"光场虚拟现实和增强现实生态链"。

从学术角度看，虚拟现实和增强现实行业的发展还处于初级阶段。虽然有大量的虚拟现实和增强现实设备出现在市场上，像 Facebook、HTC、微软、索尼这样的大公司也都相继推出了自己的产品，但是效果距离真正希望看到的虚拟现实还有一些差距。从技术层面看，虚拟现实和增强现实的发展有两个问题需要解决：一个是内容的产生，另一个是价格。很多头盔设备实际上做得已经很不错了，但是只有设备还不行，需要有大量的成熟而有意思的内容才能向用户普及虚拟现实和增强现实的概念。光场虚拟现实技术的研究就是为了产生逼真效果的虚拟现实和增强现实内容。另一个问题是价格，各种虚拟现实头盔和增强现实眼镜价格和消费者的预期相比还是较高，随着技术的发展和资本的投入，虚拟现实和增强现实距离真正的大规模商业化就不远了。

创新创业除了核心技术之外，管理和运营也很重要，从学术研究到创新创业之间，可能会遇到一系列困难。学术研究和创新创业确实是两件不同的事情，学术研究关注的重点是怎么攻破一个又一个的技术难题，但创新创业不只是解决技术难题，更多的是要知道市场和用户的真正需求在哪里，把握市场的脉络，将先进技术变成用户真正需要的产品，在这方面也要一直花大力气摸索和尝试。

个人拥有的计算平台从最开始的个人计算机，慢慢发展为笔记本计算机，到智能手机和平板电脑已经非常普及，几乎人人都有一台智能手机，深入人们生活的方方面面。人机交互的方式也从键盘鼠标这样的抽象设备，慢慢转变为手势操作、语音输入等。虚拟现实则会彻底改变人们与计算机的交互方式和交互效果。虚拟现实能够给人们带来沉浸式的体验，人们可以和虚拟世界中的物体进行互动，就像日常生活的方式一样；还可以和处在同一个虚拟世界中的另一个人进行交互，形成一个虚拟的交互空间；也可以把虚拟的世界叠加到真实的世界，形成增强现实，或者把真实的物体放入虚拟的环境，形成混合显示。这一切将会改变人机交互的方式，未来虚拟现实将会发展成为一种新的、主流的计算机平台。

3.2.4　虚拟现实改变创业理念

网络内容创业者 Amy 顺利拿到了青岛高新区第一家虚拟工作室营业执照，这是虚拟现实创业区别于传统创业理念的一个重要标志。

作为经济发展的新业态、新模式，网络内容创业者虚拟工作室注册在高新区并在高新区缴纳税收，而具体经营地点分散在全国各地，具有创新能力强、营业收入高、占用资源低、产生效益高等特点。网络内容创业者落户有助于高新区加快新旧动能转换、培育新的经济增长点，并对高新区的文化创意产业发展起到带动作用。

BBC 也是在虚拟现实的影响下改变创业理念，专门成立了虚拟现实制作工作室 BBC 虚拟现实 Hub，新的部门将与 BBC 节目制作人和数字专家紧密合作，将在未来创建不同类型的虚拟现实内容。研究显示，如果高质量的内容一直很少，虚拟现实的体验一直很烦琐，那么主流观众是不会使用虚拟现实的。虚拟现实制作工作室有巨大的发展空间，要关注一小部分拥有广泛、主流影响力的作品，目标是着力打造具有较高影响力和广泛吸引力的节目，不求量多，但求精良。

例如，虚拟现实纪录片《筑坝尼罗河》(*Damming the Nile*) 向观众讲述了这个颇具争议的水利项目。在这部新闻纪录片中，观众既可以鸟瞰尼罗河的现状，又能看到该拟建基础设施逼真的效果图及其对周围环境的影响。虚拟现实工作室将沉浸式感受和引人入胜的画面融为一体，新的讲述方式配以相关的地理环境和视角，让观众正确理解其中的原因，成功地解决了"筑坝尼罗河"这一有争议的难题。虚拟现实工作室知道剪辑、创意与技术是密不可分的，团队是需要一个多学科团队，所有人都有能力将技术与创意完美结合。

无论多么优秀的创意或者创业点子，都需要另一个东西的帮助，那就是时机。有人说比错误更糟糕的，就是没有把握好时机，过早地出现。虚拟现实就是为许多行业应用和创业提供了很好的理念和创业时机。早在 1995 年，任天堂发布了虚拟现实游戏机 Virtual Boy，但是仅仅过了一年，这个设备就停产了。就如人工神经网络技术一样，早几十年就有人提出，但是生不逢时，计算机硬件设备和计算速度不能匹配，使得它要几十年后才老树发新芽，成就了深度学习和人工智能。所以说虚拟现实带来的创业新理念就是要看好时机，把握好环境因素和发展趋势。

下面简单介绍虚拟现实技术在心理学、教育、娱乐等方面的十大应用，从中间应该可以发现创业机会和创新理念。

1. 强化凝视

如果我凝视着你，你的心跳会加速，你会记住更多我所传达的内容。但要同时与 200 人保持眼神交流几乎不可能。虚拟现实的魅力在于，用户可以通过计算机，将虚拟化身显示在每个学生的显示屏上，与每个学生都可以进行眼神互动交流，觉得一直凝视着自己。通过对几百名学习者做过试验的结果显示，如果学生认为他（她）一直是老师目光的焦点，他听课会更认真，成绩也会相应地得到提升。

2. 动作和相貌模仿

心理学家认为一个人的受欢迎程度与他（她）的模仿能力成正比。例如，在面试中模仿面试官的姿势、动作，对方会更喜欢你。如果我要模仿你们，只能选择其中一人的动作来模仿，但虚拟现实可以改变这一状况。创建一个老师的虚拟镜像，计算机会根据每个学生的动作创造出一个与学生的相貌及行为举止更为类似，更具亲和力的老师，让学生觉得老师跟自己相像，从而更认真地听讲。同样，人们对于相貌更像自己的人也更有好感。

3. 身份的转变

一个人走近一面虚拟镜子，看到了他的化身，发现镜中的自己是一名白皮肤男性。这时突然有人按下按钮，镜中的形象变成一名黑皮肤女性。这种虚拟化身与本体的不一致对他将有何影响？我们知道有个词是"设身处地"，如果你和某人有类似的感觉，你的"同感"心理反应会更强。

4. 美丽的化身

社会心理学家发现，有魅力的美丽女孩通常自信、外向，求职成功率也更高。在虚拟现实中，美丽唾手可得，每个人都可以拥有完美的化身。当你的化身是美女时，你在上前与他人交流时会站在一个离对方相对较近的地方。此外，你的讲话方式、语音语调、词汇的选择，都会因为你的虚拟化身而发生变化。美丽的虚拟化身能激发你的信心。

5. 高大的化身

在现实世界中，一个人的地位高度通常与收入、信心成正比，这是一种重要的社会暗示。在虚拟现实中，高大的形象也唾手可得，它甚至会影响你的现实财务状况。

那么这种美丽和高大的感觉会持续多久？有的人摘除头戴式设备回到现实后，虚拟现实仍会持续对他们产生影响。拥有美丽虚拟化身的女孩在现实生活中会更加积极地参与各类社交活动，拥有高大虚拟化身的男性在现实世界里也会变得更为自信，拥有更强的领导能力。

6. 同理心和利他主义

在虚拟现实中，如果你的化身是视觉障碍者或残障人士，你会体会到各种不便，也会更加了解这些人的不易。对这种角色的扮演会提升你的同理心。而且人们在虚拟世界中更愿意帮助别人。

7. 环境保护

人类的特定行为所造成的结果无法立刻呈现在人们面前，如气候变化。然而如果使用虚拟现实技术进行模拟，无形的事物，如碳分子就可以变成有形的，给人一种更直观的感受。在美国，厕纸通常是不可循环再利用的。为了减少这类纸张的使用率，做了一个实验，将测试对象分为三组：第一组成员拿到了一篇纽约时报的文章，讲述的是伐木的场景；第二组成员在视频上看到了树木砍伐的过程；第三组成员在虚拟现实中身临其境地体验了砍树的过程。一段时间后，对这三组成员进行了后续追踪调查，其中第三组成员的用纸量下降了 20%，而其他两组成员的行为基本没有改变。所以虚拟现实技术在一定程度上有助于加强人们的环保意识。

8. 养老金产品

虚拟现实技术可以让一名 20 多岁的年轻人看到自己被老化处理后 65 岁的样子。当年轻人看到栩栩如生的老人形象后，会开始考虑应该如何为今后舒适的晚年生活做准备。"人脸退休"（Face Retirement）产品也是为了改变人们的观念。

9. 减肥产品

用虚拟化身来改变行为在健康领域同样适用。在美国，肥胖已成为一种流行病，很多人都知道不运动、饮食不健康的生活习惯不对，但却难以改变。在虚拟现实中，你做三次抬腿运动，就会明显发现自己的化身轻了一磅。之前可能你不相信自己能做到，但虚拟化身给你的感觉是，只要我运动，我是真的可以瘦下来，这就是社会认知理论中的"自我效能"概念。

10. 体验式学习

如何提升学生的学习效率是老师们一直在思考的问题，可以通过改变老师的虚拟化身来实现这一效果，这里讲的是建构主义，即"做中学"（Learn By Doing）。比如老师今天讲物理学中的重力章节，可以让学生在虚拟现实中往深坑跳下去，真真切切地去体验和感受重力。如果小孩想探秘海底动物之间的关系，可以通过虚拟现实创造出一片海洋，让孩子们在海底畅游，去探索海底动物关系及海流变化等。这种学习体验是非常棒的。

总之，从表面来看，虚拟现实提供的仅仅是一个虚拟空间、一种新的交流和体验媒介，但与别的技术结合之后，就能做到很多以前做不到的事，开拓一片完全不一样的新天地。

3.2.5 虚拟现实存在问题也是创新创业的机会

虚拟现实还存在着一些问题，但是这些问题其实正好也是创新创业的机会，如果创业者能够围绕这些问题开展工作，甚至解决了问题，那就一定打造一片创业空间。具体的问题有以下几方面：

（1）移动性不高，还存在一些技术上的漏洞，比如某些消费者下载完插件、在等待载入产品的过程中跑出去喝了一杯咖啡，然后回来发现计算机出现蓝屏。

（2）虚拟现实和虚拟现实技术还很难说服人们在台式计算机、笔记本式计算机、平板电脑和智能手机之外，再购买额外的头戴式显示器。

（3）存在延迟、显示、安全、医疗隐私和其他方面的挑战。

（4）无线连接与头戴式显示器的普及程度。头戴式显示器要想真正腾飞，必须要解决无线连接问题。更快的 Wi-Fi 或蜂窝技术连接能满足头戴式显示器所需的大量数据传输，将成为确保头戴式显示器大规模普及的重要保障。另一方面，新的压缩技术也能加快无线连接传输速度。

（5）晕屏（看屏幕时有恶心、眩晕的感觉）是一直最需要解决的问题，因为在过去已经改进了很多，但是还是没有彻底解决。

（6）电池技术是确保头戴式显示器移动性的关键瓶颈。快速充电是一个中长期解决方案。

（7）价格降低是硬件普及的关键因素。

（8）虚拟现实内容不够丰富，而且浏览量极低。一个重要原因就是，消费者浏览时需要下载 JAVA 虚拟机插件。

（9）消费者反映网速不畅导致操作体验很差。每个产品展示的文件包容量大概在几十兆字节甚至数百兆，4G 网络很难保证流畅的操作体验，5G 的到来应该可以解决这个问题。

虚拟现实行业的内容当中，游戏是整个虚拟现实行业中最重要的细分领域，其次便是视频。虚拟现实视频还处于基础阶段，但随着技术进步，将来全景 3D 必将成为视频的主流。上述痛点都是虚拟现实创新创业的重要机会和突破口。

3.3　虚拟现实技术创业者的特点

3.3.1　虚拟现实硬件和基础产品创业者面临的严峻考验

国内虚拟现实创业曾经风靡一时，无数国内虚拟现实创业者一时间如雨后春笋般涌现，撑起了大半个虚拟现实市场。但是在 2017 年，逐渐趋于冷静的虚拟现实市场让很多国内虚拟现实创业公司或者团队，迎来了最严苛的挑战，直到 2019 年，整个虚拟现实市场才逐步回暖。

作为一个技术整合型产业，虚拟现实行业的硬件厂商绝大多数没有技术基础，很多国内虚拟现实创业公司基本都是和几家固定的上游零部件提供商合作，全行业都在等待高通骁龙芯片的升级，这和手机行业有几分相似。

这样的行业现象，一方面导致国内虚拟现实创业公司的硬件研发无法自己掌控节奏；另一方面，无形中拉高了硬件成本。高昂硬件成本的另一面，是稀缺的内容资源。虚拟现实内容是吸引用户的关键环节之一，硬件公司都在外寻求内容合作，2017 年几乎所有国内虚拟现实硬件创业公司都号称自家产品和 Steam 平台兼容。然而，真相却是，由于某些技术因素，Steam 平台成了硬件厂商们好看却不实用的"摆设"。

有些国内虚拟现实创业公司只在手柄大小上进行了调整，而有的公司则采用了个性的差异化设计，直接导致游戏的使用习惯不同，许多 Steam 平台的游戏无法操作。另一方面，产品宣传上也存在欺骗行为，虚拟现实沉浸体验最重要的一项指标视场角，并没有某些公司宣称的 110 度，只达到 90 多度。这种虚假宣传在虚拟现实行业不在少数，几乎成了全行业的"潜规则"。

而当有限的技术基础搭上了薄弱的研发团队，几乎成了虚拟现实行业的一场灾难。有的主打硬件的国内虚拟现实创业公司，全公司 100 多人，从事硬件研发的却只有 5、6 个人，并且其中没有专业的虚拟现实研发人员，基本都是新人招进来先培训再操作。这样的结果就是，一开始连哄带骗拉拢的投资人转身离开，创业公司陷入缺技术和资金的双重瓶颈。

国内虚拟现实创业公司首先要考虑生存下去，生存下去首先要考虑融资，这几乎成了创业公司讲故事的一个正当理由。伴随着这些凭借着"讲故事"发家的国内虚拟现实创业公司相继衰落，那些真正依靠技术和创意发展的国内虚拟现实创业公司才能有更加广阔的发展空间。在虚拟现实行业发展的虚火之下，整个市场在 2017 年后开始变得更加冷静，到 2019 年状况有所回升，但是国内虚拟现实创业已经不再是"站在风口上的猪"那样简单。

Oculus 首席技术官曾指出，他们最大的担忧是未经打磨的虚拟现实产品会使用户感到身体不适，如果用户没有实际感受到所期待的产品魅力，那么之前抱有的高度希望将很快消失。

虚拟现实游戏开发团队"天舍游戏"的一位工作人员告诉新浪科技，进入虚拟现实领域完全是因为看好它将来的巨大发展潜力。"我们相信虚拟现实会代替 PC 和手机，成为人们将来日常生活跟信息交互的一个很最重要的窗口。"

"虚拟现实最期待的是出现一个杀手级应用，就像当初智能手机上的水果忍者、愤怒的小鸟那样。"暴风魔镜 CEO 冯鑫对新浪科技说，培养用户是一件很漫长的事情，如果有一个杀手级应用它就会得到迅速的普及。

除了体验还不够让人满意之外，虚拟现实仍然有硬件上的限制。以国外公司开发的一款名为 Paul Mccartney 的应用为例，这款应用内含的一个 3 分钟的演唱会现场体验，通过专为拍摄虚拟现实场景设计的球形摄像机拍摄后，1080 P 格式占用的空间达到了 500 多兆字节，并且只有中高端智能手机才能流畅播放。这对带宽、手机性能均提出了更高的要求。

更值得注意的是，虚拟现实行业缺乏统一的标准。虽然 Google 意图在虚拟现实领域再造一个统一的系统平台，但上线日期与其他企业是否买账仍是未知数。不同的标准，不同的接口，实际上对于开发者来说也是一个巨大的门槛，一旦选错了技术方向，后果可能很严重。

虚拟现实市场不断有巨头加入，初创公司也不断拿到融资，这期间会存在巨头与初创公司的混战，内容与硬件的胶着。虚拟现实已经成为全球企业的下一个战场，只不过各自都还处在"圈地与备战"状态。

虽然各大企业抢占入口的动作让人们闻到了一丝火药味，但正如每一场战争背后都有一个真正目的一样，虚拟现实这场战争首先是培育市场，吸引大众的关注。显然这也是一个痛苦的过程，在还没有真正看到虚拟现实的春天前，可能一大批硬件和软件公司就已经倒闭。

3.3.2　虚拟现实技术应用创新创业需要合纵连横

在 20 世纪 90 年代，曾有一批游戏公司掀起过一股虚拟现实设备的浪潮，但由于设备本身与行业的局限以及过于高昂的售价，受当时的运算能力与设备的影响，这一领域一直默默无闻，并在很长的一段时间内在消费领域毫无建树，应用场景多在企业级市场，规模也非常小。最终那股虚拟现实的热潮最终宣告失败。如今随着计算机芯片运算能力的飞速发展，以及移动智能终端的普及，虚拟现实领域似乎正迎来一次重要的发展拐点。

虚拟现实技术应用创新创业需要硬件产品的支撑，还要有精彩的、不断推陈出新的内容支持，更需要结合一个很好的行业应用场景，所以需要合纵连横，开拓新的发展空间。这个领域最广为熟知的硬件产品是头戴显示头盔，大致上可以分为 PC 端虚拟现实和移动端虚拟现实两类。PC 端的代表有 Oculus Rift、蚁视头盔、UCglasses 等，移动端的有 Google Cardboard、Samsung Gear 虚拟现实、暴风魔镜等。此外，围绕内容制作、应用开发、影视制作、游戏开发、周边设备等领域均有公司涉足，并在逐步形成一个完整的生态链。

从整体来看，大企业大刀阔斧加紧布局，小企业精耕细作加紧进入。谷歌开发虚拟现实版 Android 系统。微软也发布了虚拟现实技术 Holograms 和对应设备 HoloLens 并且在推广上不遗余力，所有 Windows10 系统中都将内置 Holograms API，微软还将把 Xbox 游戏移植到 HoloLenS VR 头戴设备中。此外，索尼公司宣布了为 PS4 游戏机而造的虚拟现实头戴设备 "Project Morpheus"，HTC 与游戏公司合作推出 HTC Vive 头盔，三星与 Oculus Rift 合作提出 Gear 虚拟现实头盔。国际巨头的这一轮布局，并且看起来似不约而同地意图抢先占领入口，搭建起各自的业务平台。2019 年上半年，我国各级政府相继出台了多项 VR 虚拟现实相关政策，继续提升对虚拟现实技术研发、产品消费、市场应用的支持力度，虚拟现实产业进入政策红利释放期。虚拟现实产业资本市场平稳复苏，国内外融资差距大。AR 开发平台持续发力，VR+ 5G 形成典型案例，围绕重大赛事活动的 "VR+" 应用加速落地，"VR+" 虚拟现实应用将在广播电视领域优先爆发，VR 直播、虚拟课堂培训、VR 内容创作等应用进一步普及。

巨头林立没有吓住有激情的创业者们，在一定程度上，反而坚定了他们对虚拟现实技术的信心。创业者们可以围绕虚拟现实产业链，在各个细分领域精耕细作。在国内的虚拟现实市场上，不同类型的公司正在不同的虚拟现实领域切入。在游戏领域，除了完美世界等游戏开发商宣布开发虚拟现实游戏外，也有一大批初创团队如超凡视幻、Nibiru、银河数娱等在跟进；在内容分发领域，有暴风魔镜 App、Dream 虚拟现实助手等产品；周边设备领域也出现了 Virtuix 的 Omni 体感跑步机、蚁视体感枪、诺亦腾的全身动作捕捉设备等。

这是个机遇与挑战并存的年代，好的点子正在一点点被挖掘出来。例如在 NBA 的总决赛时，一个场边座位可以达到售价 3 万美元之高，而 Oculus Rift 和其他虚拟现实厂商正开发一项可以创造无限座位的技术，这样可以让运动提供商售出无限个 "相同" 的场边座位。我国首家用虚拟现实技术应用于咖啡厅的建设平台——虚拟现实创客体验中心落户天津市北辰区河北工业大学科技园。该中心运营团队由多位欧洲回国创业的高科技人才组成，长期致力于运用计算机现代新信息科学技术手段，用计算机虚拟现实技术将现实空间数字化、多维化、可视化，从而达到智慧应用和智慧管理，虚拟现实创客咖啡体验中心便是将此技术应用到实际中。小小的咖啡厅里，创业者可体验到 10 多项高科技成果的展示与互动，包括裸眼 3D 技术、空间投影技术、人机交互技术、投影融合技术、三维建模技术、大数据分析技术、全息投影技术、增强现实技术、局部物联网技术、可视计算技术、模拟演播技术等。另外，在商用领域，如军事、医疗、航天、教育等领域，国内对于虚拟现实技术的需求也一直存在，并且愈来愈大。

对于创业而言，很多时候不去尝试，就连失败的机会都没有。在与创业者交流的时候你会发现，与 20 年前的那波浪潮不同，这一波虚拟现实创业潮在定位与分工上更为明确，也更加理性。

中国工程院院士、虚拟现实产业联盟理事长赵沁平称，全球围绕人工智能和虚拟现实的竞争日趋激烈，中国在关键技术和产业运用等方面取得突出成果。在虚拟现实领域，虚拟现实+医疗、虚拟现实+教育文化、虚拟现实+广电制造以及大众消费领域中大量应用，正在将虚拟现实带入各行业和寻常百姓家。

3.3.3　虚拟现实创新创业大赛大浪淘沙、适者生存

在中国创新创业组委会办公室指导下，中国电子信息产业发展研究院、虚拟现实产业联盟、国科创新创业投资有限公司等单位共同举办的中国虚拟现实创新创业大赛（已举办两届）。国新创新投资管理（北京）有限公司总经理柳艳舟指出，虚拟现实是一个综合性很高的行业，涉及光学、脑科学等关键技术，与人工智能等新兴技术的融合，以及对 B 端生产方式和 C 端消费者生活方式的变革。从第二届比赛的参选项目来看，虚拟现实整体水平进步很快，应用前景可观。

"大赛对行业发展有两个层次的意义：一是加速社会各界对虚拟现实、增强现实的认知过程；二是为初创企业提供推广技术、产品、解决方案的渠道，加强他们与用户、投资者、地方政府的联系，为这些企业的市场拓展打下良好基础。本届大赛还引入了大小企业对接机制，联合百度、阿里巴巴、华为等企业，举行若干场项目对接沙龙。北京大学首钢医院、北京易华录信息技术股份、中国平安保险北京分公司等企业现场发布项目需求，部分参赛企业已经与项目发布方成功签约，达到"大企业带小企业""比赛带项目"的预期效果。参赛的优秀企业和团队将有机会被推荐给国家中小企业发展基金设立的子基金、中国互联网投资基金等国家级投资基金。大赛合作单位也会为优胜企业提供融资担保及融资租赁服务。赛事结合中小企业和创新团队需求，为中国虚拟现实领域的创新创业者搭建成果展示平台、交流合作平台、产业共享平台。

在北京赛区，由中关村科技园区管理委员会作为指导单位，中关村科技园区石景山园管理委员会、北京市石景山区科学技术委员会主办，北京市石景山区生产力促进中心、北京创业公社投资发展有限公司承办，北京市众创空间联盟、中关村京企云梯科技创新联盟、中关村创业生态发展促进会协办。

我国创业公司在虚拟现实、增强现实领域十分活跃，部分技术参数和设计理念已走在世界前列，在交互技术、光场技术、行业应用领域取得突破。但是，创业公司普遍在人才引进、资本积累、管理能力上存在困难和不足，需要地方政府的引导和投资机构的支持。

虚拟现实、增强现实产业处于关键的起步阶段，举办中国虚拟现实创新创业大赛，既可以激励这些企业持续创新，让企业成为创新主体，又可以在比赛过程中发现好的技术、产品和优秀的人才，促进产业良性蓬勃发展。此次大赛将会把政府扶持、学术研究、

产业实践更好地结合在一起，最终切实有效地推进虚拟现实产业的发展。中国虚拟现实创新创业设立的 2 亿元专项创投基金，百家投资机构，政府服务政策，创业公社专项服务礼包，都在找寻各位行业精英。大赛将会把政府扶持、学术研究、产业实践更好的结合在一起，最终切实有效的推进虚拟现实产业的发展。围绕业态调整、服务创新创业，中关村虚拟现实产业园将充分发挥"双创"的示范引领作用，掀起全国创新创业新浪潮。

从底层技术来看，参赛企业研究领域覆盖光波导、建模成像、追踪定向、触觉/力学反馈、智能算法、晕动控制等多个节点，部分参赛企业持有数十项甚至上百项专利，在细分领域的全球竞争中处于领先地位。着眼虚拟现实与人工智能、5G、物联网、云计算等新兴技术的跨界融合，参赛企业形成了警务增强现实眼镜、虚拟现实边缘云直播等落地产品，在脑波交互、视障辅助等前沿领域也实现抢先布局，推动虚拟现实/增强现实从部分沉浸向深度沉浸转变。

从软硬件创新来看，参赛企业展示了虚拟现实/增强现实眼镜、3D 终端、全景相机、追踪交互设备等硬件产品的创新成果，并针对大视角与小型化难以取得工艺平衡的问题，对光学模组、参考设计、扩展接口进行优化，产品逻辑更加清晰，商业化进程加快；软件领域也涌现出虚拟现实课件编辑器、增强现实在线制作平台、Avatar 交互系统等软件作品，多家企业持有软件著作专利。

从应用生态来看，参赛项目涉及医疗服务、工业制造、石油化工、地产建筑、教育培训、文化旅游、广告零售、警务安防、城市管理、游戏应用、影视传媒等多个领域的虚拟现实方案，部分企业已实现千万元级别营收。同时，参赛企业深度挖掘虚拟现实应用场景，推出了线下商场增强现实导航、景区虚拟现实自助设备等细分市场，推动虚拟现实的大众化普及。

中国虚拟现实创新创业设立的 2 亿元专项创投基金、百家投资机构、政府服务政策、创业公社专项服务礼包，都在找寻各行业精英。围绕业态调整、服务创新创业，中关村虚拟现实产业园将充分发挥"双创"的示范引领作用，掀起全国创新创业新浪潮。

从底层技术来看，参赛企业研究领域覆盖光波导、建模成像、追踪定向、触觉/力学反馈、智能算法、晕动控制等多个节点，部分参赛企业持有数十项甚至上百项专利，在细分领域的全球竞争中处于领先地位。着眼虚拟现实与人工智能、5G、物联网、云计算等新兴技术的跨界融合，参赛企业形成警务增强现实眼镜、虚拟现实边缘云直播等落地产品，在脑波交互、视障辅助等前沿领域也实现抢先布局，推动虚拟现实、增强现实从部分沉浸向深度沉浸转变。

从软硬件创新来看，参赛企业展示了虚拟现实和增强现实眼镜、3D 终端、全景照相机、追踪交互设备等硬件产品的创新成果，并针对大视角与小型化难以取得工艺平衡的问题，对光学模组、参考设计、扩展接口进行优化，产品逻辑更加清晰，商业化进程加快；软件领域也涌现出虚拟现实课件编辑器、增强现实在线制作平台、Avatar 交互系统等软件作品，多家企业持有软件著作专利。

从应用生态来看，参赛项目涉及医疗服务、工业制造、石油化工、地产建筑、教育培训、文化旅游、广告零售、警务安防、城市管理、游戏应用、影视传媒等多个领域的虚拟现实方案，部分企业已实现千万元级别营收。同时，参赛企业深度挖掘虚拟现实应用场景，推出了线下商场增强现实导航、景区虚拟现实自助设备等细分市场，推动虚拟现实的大众化普及。

这些参赛团队水平不尽相同,有的才刚组成团队,有的已经有一定的客户基础,适合投资人进行不同阶段的投资。一位投资人指出,虚拟现实行业还处于早期阶段,当众多因素还不是非常成熟的情况下,投资机构更看重的是团队和技术,如果技术不过关,很难为行业提供解决方案,为平台或者客户提供合格的内容。他关注到一个增强现实眼镜项目,与现在普遍的光学解决方案不同,他会持续关注该团队。

正因为虚拟现实行业还处于发展的初期阶段,消费级市场还未打开,所以投资人比较看重有一定门槛的团队。中科招商投资管理集团股份有限公司副总裁张强表示,他比较偏重有技术门槛、行业门槛的团队,在路演的项目当中,他发现有不少团队具有深厚的技术积累,比如来自北京航空航天大学的一支创业团队,在三维成像领域有多年的技术沉淀,在国内处于领先地位,如果能够进一步强化市场能力,竞争力将非常强。

但是在路演的过程中,创业者也暴露出一些问题。有些参赛团队路演经验不足,想将自己的项目事无巨细地呈现出来,但是时间有限,往往还没讲到重点路演就已经结束了。他建议,路演团队应该在 8 分钟之内为投资人理清楚项目逻辑,不能面面俱到,如果投资人感兴趣会主动寻求进一步沟通。

针对我国虚拟现实关键技术和高端产品供给不足、内容与服务较为匮乏、创新支撑体系不健全、应用生态不完善等产业痛点,参赛的虚拟现实创业企业或团队积极寻求破局之道,涌现出一批"有想法、有技术、能盈利"的技术产品方案。一位投资人指出,这次大赛为投资人提供了众多优质的项目源,不少投资人也收获满满,希望大赛能够一届一届地办下去,为投资人提供更多的好项目。

中国虚拟现实创新创业大赛组委会副秘书长徐斌表示,他希望和投资人、创业者交朋友,搭建一个投资人和创业者对接平台。首届中国虚拟现实创新创业大赛已经促成了 1.5 亿元的投融资,但是虚拟现实产业链非常长,机会非常多,希望更多的投资人和创业者能够参与大赛,促进虚拟现实和增强现实产业繁荣。郝爱民强调,虚拟现实是战略性新兴技术,是各个行业的助推器、倍增器,具有通用支撑的能力,在虚拟现实入局的最好时候,如果不积极布局,很可能就没有机会了。

实际上,虚拟现实不只是创业者热衷的领域,也是国家高度重视的行业。为抢占世界虚拟现实战略制高点,我国已经把虚拟现实定位为超前发展的战略性新兴产业。虚拟现实产业联盟副秘书长、中国虚拟现实创新创业大赛组委会副秘书长胡春民指出,我国虚拟现实产业领域的创新不断,在感知交互、近眼显示、网络传输等部分关键技术和重要应用领域实现从"跟跑"到"并跑"的跨越,与世界先进水平的差距正在逐步缩小。发展虚拟现实产业有利于打破传统彼此封闭、烟囱式的产业发展框架,串联起产业链不同环节的骨干企业,实现由产业单点突破向产业生态扩张的转变。全国有近 20 个省市把虚拟现实作为新兴产业重点扶持。

阿里巴巴创新中心战略总监李京昆在无锡赛区项目对接沙龙上指出,阿里巴巴将对创业企业进行科技赋能、人才赋能、流量赋能和生态赋能,与包括虚拟现实在内的各行各业展开合作。例如,阿里巴巴可以开设虚拟现实和增强现实赛道明星训练营,促进创业企业的融资和成长,为优秀的虚拟现实和增强现实企业开放端口,甚至可以积聚虚拟现实和增强现实企业建立产业基地,推动虚拟现实平台发展。华为开发者联盟业务总监王希海表示，华为已经为增强现实开发者开放了芯片、增强现实引擎等能力，接下来将开放更多资源，并对优秀应用提供流量倾斜，鼓励创业企业或团队将虚拟现实和增强现实做起来。

总之，中国虚拟现实创新创业大赛秉承"政府引导、公益支持、市场机制"的原则，搭建虚拟现实产业共享平台，建立健全虚拟现实标准体系，凝聚社会力量支持虚拟现实领域中小企业和团队创新创业，支持我国虚拟现实产业健康有序发展。

3.3.4　来自虚拟现实创业者的声音

二次创业者冯鑫创立了暴风魔镜公司，开发的暴风魔镜可插入智能手机，这样会降低成本。他认为自己的企业还要投资一些做周边设备有技术的公司，也会投资游戏平台，内容团队也会选择合作与扶持，通过筹备虚拟现实领域的基金来投资内容公司；另外也在考虑线下体验，具体形式还未成形。因为最大的问题是用户不了解虚拟现实是什么。

一些游戏视觉公司创业者认为体验是核心，如果不从体验出发，可能只能让第一波尝鲜的用户买账，当人们试过、失望、觉得虚拟现实不过如此或者对虚拟现实产生误会，这时候可能也已经将自己以后的路断送了。从游戏内容的角度来说，人物的比例、高度、移动的速度、场景的大小、交互方式甚至场景色调等，这些因素都会从根本影响用户的体验。

虚拟现实是一个机会，它可以和各种各样的产业结合、可以轻松地跨越时间和空间的维度。当虚拟现实技术飞速进步时，你在做的一切都是从 0 到 1 的过程，就好像在创造一个新世界一样。

各公司自己对于方向的选择有时也会产生迷茫，因为大多数人在有限的资源下只能选择一个方向进行深度运营，如果当初选择虚拟现实，可能将直接面临和巨头竞争。

虚拟现实领域的硬件会先进入战国时代。没有产品和运营上很大亮点和实力的硬件团队会被市场挤压。而内容开发方面前期比拼的是创意和执行力。在虚拟现实用户量没有达到千万级之前，内容开发创业者会比较有空间来发挥自己的创造力，以做大自己的品牌并培养自己的用户群。未来期待虚拟现实相关可穿戴硬件会越做越好，越做越便宜，让虚拟现实真正走进千家万户，成为一个跟移动端可以媲美的大平台。

创业者都存在的最大的担忧可能是用户没有机会真正接触到好的虚拟现实体验。虚拟现实体验没法用言语描述，沉浸感的神奇也没有办法用数据来定量分析。如果市场前期，用户因为没有机会接触到虚拟现实体验而放弃了购买意愿，甚至因为体验到不好的虚拟现实而留下糟糕的第一印象，这个市场再要重新培育就很困难。

3.3.5　虚拟现实行业创业者的素质要求

伴随着虚拟现实行业的不断发展，越来越多的虚拟现实创业者开始活跃在行业内。但是很多虚拟现实创业者由于一些重要素质的缺失，使得自己的产品很难受到消费者的青睐。那么，虚拟现实创业者需要哪些重要素质。

1. 构思

当今的科技日新月异，用户设计（UX）就变得至关重要，虚拟现实创业者要确保给用户带来良好的体验。这一点在虚拟现实行业又显得更为重要，因为用户的互动是现实世界的一种反映。

2．心理学

虚拟现实或许比当今的任何技术都更关注人的思想。这就为虚拟现实创业者们开辟了一个全新的领域来考察人类如何思考，并且它很可能是在这个行业取得成功的关键。

3．沟通

大众很容易会被虚拟现实的大肆宣传所影响。但是有一点很重要，就是大多数对虚拟现实感兴趣的人可能还从来没有使用过头显设备。因此，通过交流来表达想法是必不可少的。

4．实验研究

在虚拟现实行业还没有固定的成功范本。虚拟现实行业视野广阔，可以尝试实践无数的新思路。正因为如此，整个虚拟现实空间就是一个巨大的实验室，虚拟现实创业者可以尝试各种新颖的理念。

5．节制

虚拟现实是在探索一个全新的世界。然而，这不代表虚拟现实创业者们要制作出过于复杂的东西，因为这会让大家用起来觉得很困难。从技术的角度出发，需保持产品简洁，不多此一举。

6．远见

在构建虚拟世界时很容易坠入无底的深渊。所以虚拟现实创业者要关注虚拟现实领域的趋势，因为事物总是在不断变化的。能够稳定地掌握虚拟现实行业的状况，并灵活地开发自己的产品是很重要的。

以上便是虚拟现实创业者的六个重要素质。虚拟现实创业者虽然也是初步进入了虚拟现实行业当中，但是想要在行业内取得更加长远的进步空间，这些素质应该是必不可少的。毫无疑问的是，在这些素质基础上将会让自己的创业更加顺利。

3.4　基于虚拟现实应用技术的创业者团队组建

1．基于虚拟现实应用技术的创业者团队结构

在 2018 年国际虚拟现实技术及应用创新大赛中，《唐懿德太子墓虚拟现实交互系统》斩获高校组唯一特等奖。以这个高校的虚拟现实团队为例，来分析一下基于虚拟现实应用技术的创业者团队需要哪些知识结构和行业领域的人才。

在 2018 年国际虚拟现实技术及应用创新大赛中，作为首次加入中国虚拟现实年会的竞赛单元，是由中国工程院赵沁平院士发起，中国产学研合作促进会指导，中国虚拟现实与可视化产业技术创新战略联盟主办。《唐懿德太子墓虚拟现实交互系统》是基于计算机虚拟现实技术对唐懿德太子墓室壁画文化遗产实现保护、开发和利用，采用图像处理、虚拟现实等技术，以解决懿德太子墓室壁画虚拟重现、脱落壁画复原与墓室形制还原的问题，最终提高和改善文物保护研究的效率与展现效果。

　　团队成员介绍说："我们不仅仅是让大众感知和学习墓葬原生空间传达的文化信息，更重要的是借助墓葬文化传达复杂的'助教化，成人伦'的礼教，给知觉主体提供一个深省的媒介，沉浸其中并且感受古代文化礼仪的变迁。"这支虚拟现实团队由艺术学院温超副教授指导，主要成员为研究生尚一洁、张少博、霍媛，项目作品完成周期历时一年。制作期间，艺术学院组织多次讨论会议，对接考察陕西历史博物馆壁画馆、乾陵博物馆等资源。项目依据考古研究报告和历史遗存考察，对懿德太子墓进行了高精度还原，通过三维模型重建，形象丰富地记录遗产的原貌、空间位置、风格等，为懿德太子墓的存档记录和保护等工作提供基础性数据和资料，从而最大限度地记录文化遗产本身所蕴含的珍贵历史信息。

2. 分析虚拟现实技术的创业者团队组建与分工

　　虚拟现实技术创新创业者团队组建团队在创业早期要明确自己的基本情况和发展目标。

　　首先是选择创新团队的研究方向，虚拟现实是利用计算机模拟产生一个三维空间的虚拟世界，提供使用者关于视觉、听觉、触觉等感官的模拟，让使用者如同身历其境一般，可以及时、没有限制地观察三度空间内的事物。以此为基础所以团队可以主要研究虚拟现实技术领域中的运动跟踪技术等，以研究方向和目标来组建团队和工作分工。

　　然后要分析创新团队形成的背景和特长，如分析团队成员来自哪些方向和领域。细分有以下方向：数字影视与新媒体工程技术研究、文化动漫研发与传播、3D 模型研发、三维动作捕捉实验室、数字音效实验室、非线性编辑及合成研究、动漫软件、GPU 加速图形图像、虚拟现实游戏动漫、虚拟现实技术研发等。根据团队的背景和特长来进行整合和补缺补漏，形成体系化的整体，并且围绕虚拟现实技术建立创新、研发、转化、创业的链式运行机制和分工方案，避免单纯只注重研究，不关注成果及产业化的问题。

　　另外，内容创业方兴未艾。李开复说，内容创业者在初期应该寻找各个不同的平台，看看在这个平台上你能提供的价值和得到的成长、收入。随着经验的累积，再去找一些机会。建议不要太快就被一个模式锁定，试试不同的模式。比如说知乎 Live 是一个内容的模式，我通过语音就在创造一个内容，但是这个模式是新的。还要多看看不同的新模式，有没有适合你的。比如逻辑思维，最早以微信为平台，创造了好的内容，做了各种模式的引申。我认为逻辑思维比较好的两点在于好的内容和对的平台。用这个案例启发，不要过早去想商业模式和打造平台。首先要有好的内容，然后内容模式会在实践中逐渐摸索。

　　最后是创新团队的发展目标，初创期的创新团队要"以项目为支撑，以需求为牵引"，积极申报市级、国家级科研项目，获得高级别项目，尤其是重点或重大项目，取得具有原创性、标志性的科研成果；创新团队带头人要科学谋划，进行学术交流，整合学术梯队，培养科研后备人才；要加强与虚拟现实技术相关创新团队的交流合作，努力将虚拟现实应用技术开发创新团队逐步发展成为国内领先的创新团队。研究虚拟现实技术领域中的基础技术，并且将之运用到虚拟现实沉浸式体验交互教育、英语交互式有声读物和真实场景增强现实卡通交互等具体应用场景，才可能形成产品和应用推广。

3. 从投资人角度分析虚拟现实的创新创业团队

2018 年 8 月 30 日，在中国虚拟现实创新创业大赛组委会指导下，百度创新中心（北京昌平）、百度增强现实技术部、国科创新创业投资有限公司联合主办，北京昌平科技园发展有限公司承办的百度增强现实技术沙龙暨中国虚拟现实创新创业大赛"大+小"企业对接会取得很好的效果。

活动邀请百度增强现实技术部资深技术工程师，围绕百度增强现实生态圈，为大赛优秀企业分享百度增强现实技术产品与服务，提供开放合作方案，进行"大+小"企业对接，实现大中小企业协同创新创业。众绘科技、幻游科技、酷鸟飞等多家企业与百度增强现实技术部进行了深度技术交流。据悉，参与本次活动的企业还有机会成为百度注册合作伙伴，并获得解决方案市场推广、资金、渠道、客户等生态支持及 DuMixMR SDK 和增强现实编辑器等技术支持。

创新中心将依托百度的"天工、天像、天算、天智"四大专业级智能平台，帮助创业团队、中小企业、传统企业完成"信息平台""数据平台""金融平台""生态平台"的建设和打造，同时打通当地产业、科研、孵化、投资各个环节，最终形成产业创新平台、科技创新平台、孵化服务平台、投资融资平台四位一体的全新价值高地，使各类各阶段企业都能更加充分地实现自身价值，共享发展成果。国科创新创业投资有限公司作为运营管理方，将充分利用自身平台优势，为企业信息化、云和大数据、"互联网+"双创等领域的项目建设与合作提供所需的各项资源与服务；负责自有信息化服务平台运营维护，承担昌平创新中心项目合作中为企业提供相关产品及各类服务的工作。

创新中心定位为硬科技产业创新高地，重点引进人工智能、大数据、云计算、智能硬件、新材料技术等高科技企业，发展"高精尖"科技的战略规划进程中将扮演关键角色。该项目集智慧办公、体验商业、文化社交、青年创业公寓、民生服务、展示发布等功能为一体，重点打造"有深度、有态度、有温度"的创业生活社区示范项目。

另一方面，投资人青睐有沉淀的团队。中国虚拟现实创新创业大赛中，既有从事真三维显示、虚拟现实模拟驾驶培训系统、虚拟现实家装，又有做虚拟现实线下体验店、虚拟现实全景视频直播、虚拟现实医疗培训、增强现实沉浸式演播室以及提供高清晰度、超多模组图像引擎芯片级解决方案等。

团队或者企业应该在垂直领域有深厚的行业经验或者长期的技术积累。在各自垂直领域不断深入，不仅沉下了心，还落了地，其中有的蓄势待发，有的已获得不错的收入。希望他们继续守住激情，踏踏实实走好每一步。一定能够等到自己虚拟现实创新创业的春天。

4. 借力大企业和投资人争取虚拟现实的创业机会

有的投资人认为虚拟现实是战略性新兴技术，是各个行业发展的助推器、倍增器，具有通用支撑的能力。虚拟现实不只是创业者热衷的领域，也是国家高度重视的行业。为抢占世界虚拟现实战略制高点，我国已经把虚拟现实定位为超前发展的战略性新兴产业。

有关虚拟现实、增强现实技术，投资人主要投资海外的相关团队和项目，在国内，投资人的投资重心则在"平台和内容"上。多数投资人认为国内虚拟现实和增强现实投资与创业机会将在娱乐、工业、商贸、医疗、教育等行业领域中出现。作为投资人，现在行业是什么情况跟我们已经关系不大，关注的是未来三五年以后会不会有一个新的高潮，以及这个高潮究竟是什么方向。无论是投资和创业必须记住，我们要投未来，一定不要投现在，现在很流行的方向，将来不一定流行。

经过过去一二十年的发展，从底层技术到工具平台，再到内容应用，增强现实和虚拟现实这个方向已经形成了相对完整的生态系统。

虚拟现实和增强现实整个投资是由两个方向驱动，一个是大玩家的切入，像 Facebook、Google、索尼，大企业的进入一定会带动整个产业的发展；在中国另一个非常新的驱动力，就是政府投入。2016—2020 年，政府投入主要推动几方面的发展：第一是教育，政府的大投入会带动整个教育产业的发展；第二个是医疗，政府在最近几年会有大的投入；第三个是军民融合，很多人忽视了这一点，但未来三五年，军民融合会在包括虚拟现实、增强现实的很多方向，形成一个巨大的动力。国内，BAT、TMD、盛大和华融文化等投资基金在虚拟现实和增强现实上花钱比较多。

从投资人的角度看，未来三五年虚拟现实、增强现实会遇到比较大的问题，一个是技术，底层技术有待突破的地方，如果技术能得到突破的话，会有一个大的爆发。第二个是内容，投资人比较关心的是那些将来会成为大 IP 的内容，不是简单地把已有的内容变成在虚拟现实、增强现实场景下的内容，而是真正增强现实、虚拟现实 环境下带有 IP 的内容，只有带有 IP 的内容才会有生命力。第三个是产业链问题，我们都知道全球著名的增强现实公司 Magic leap 估值已经 45 亿美元，据说已经要开始推出产品，但遇到一个大问题是供应链跟不上，即便是在中国珠三角，也找不到一个完整的产业链可以做出来。

有问题就有机会，这三个问题是创业者和投资者的机会，从更广的视角来看，未来投资人会从以下几方面进行投资，首先是技术方面，基本上会投资国外项目，投资人看了大量的国内项目，做得比较好的、直接会投钱的技术项目，大多数是跟海外相结合的，或者领导者是从海外回来的。投资人的资金投技术方面，绝大多数会投向海外，比较重要的几个点，一个是硅谷、以色列、欧洲这些地方已经有一些不错的项目。在国内投什么？主要是投平台、投内容。内容的话，一个是内容分发平台，这个非常重要，谁掌握了渠道，能够快速地把内容分发出去，这跟做游戏其实是一个概念。

第二是"增强现实/虚拟现实+"，虚拟现实加教育、医疗、培训，这种商业模式已经被认证了，未来三五年会迎来一个爆发期。

第三投资人会重点投资具有 IP 的内容，有一些在做游戏代理机构，分出小团队在做这些工作，投资人会比较关注这些能做出具有自我 IP 的内容。没有自己的 IP 没关系，如果具有极强的大规模内容生产能力，是内容生产工厂，也具有投资价值。这块国内暂时还没有出现好的项目。另外还有供应链平台以及人才培养，因为虚拟现实、增强现实行业的发展需要很多相关的人才，所以针对行业人才的培养机构，有比较大的投资潜力。

从投资角度来看内容创业机会更大，主要会集中在游戏、影视及传统行业结合应用，优质的内容一定会成为稀缺品。虚拟现实游戏创业谨记不要把团队扩展太快，确保收支平衡，大量程序员的薪水会迅速耗尽公司现金流。而打造一款简单易玩体验为主的小游戏，说不定能一炮而红。影视受限于叙事角度和投入产出比，发展还需时日，但是一些精巧的 Demo 视频还是可能被各大硬件厂商或者视频网站争相追逐。此外，虚拟现实教育、样板房或装潢预览、虚拟现实旅游体验等都是很好的方向，核心还是要做好用户体验，找到愿意买单的人。

虚拟现实的市场的前景还是比较看好的，技术本身能够实现人们对于交互体验等更高层次的需求，所以这种技术从长远看是有需求的和前景的。虚拟现实似乎已经可以和互联网的热度相媲美，但虚拟现实依然是一个很窄的行业。毕竟现在每日都在使用虚拟现实的人没有多少，基本都是行业里面的自娱自乐。或许五到十五年后，虚拟现实能成为人们的日常生活必需品，但虚拟现实仍是噱头而不是刚需，这注定 C 端用户不足，所以注意力依然在 2B 上。

3.5　虚拟现实产业的发展特点及趋势

3.5.1　企业创新与虚拟现实产业发展的关系

让虚拟现实技术走出实验室走向市场，进入产业化阶段，是培育和带动虚拟现实产业新增长点和新产业的重要力量。虚拟现实技术产业化水平远落后于虚拟现实科技投入与产出的快速增长水平，产业创新能力不足，虚拟现实高技术难以成功产业化。当前的虚拟现实技术研发储备为产业化提供了必要的技术保障，需要进一步在技术产业化上寻求更大突破，实现和带动一批产业的发展，从而实现创新的全面繁荣。

虚拟现实企业的技术创新与市场脱节、创新主体间的协同性较弱、企业还没有成为创新主体、忽略产业化需要的非技术因素。以美国为代表的发达国家强调以创新生态作为政策工具。我们要坚持科技面向经济社会发展的导向，围绕产业链部署创新链，围绕创新链完善资金链，消除虚拟现实企业技术创新中的"孤岛现象"，破除制约科技成果转移扩散的障碍，提升国家创新体系整体效能。这也是鼓励创新生态在产业界的实践。

基于创新生态视角思考高技术应用及产业化的发展，意味着产业化的实现，不仅需要关注单项技术的创新，还需要考虑参与技术创新的主体之间的有效互动和协同创新，也意味着技术的顺利产业化，依赖于更加开放、多元、共生的生态环境。参与高技术创新的主体需要抛弃只重视技术创新的思路，使技术创新的方向同产业发展和市场需求方向相一致。从创新生态的角度出发，才能得到关于产业化更清晰的理解并找到解决方法。在宏观层面上，围绕高技术产业化构建国家创新生态系统，是对建立国家创新体系的再升级，从制度层次规范相关创新主体的权利和义务，以保证高技术产业化发展的系统性、完整性和可持续性。

我们要从虚拟现实全产业链布局，鼓励虚拟现实大企业成为创新生态的建设者，根据产业创新需要和市场需求，以产学研用相结合的方式，带领和组织实施关键技术和重大产品研发项目的研发和攻关，逐步形成和完善以企业为主体的产业技术研发机制，构建以虚拟现实企业为主体的创新生态。从全产业链布局，鼓励高校、科研机构、企业等创新主体进行深度广泛的合作，建立产学研协同的虚拟现实创新联盟，强化产业化导向的应用研究机制。突出强调虚拟现实企业创新的主体地位，同时加强对配套技术的科技攻关，提升虚拟现实技术的整体创新能力。

另外要鼓励科技资源的开放与共享，进一步推进虚拟现实科研院所、高校、企业的科研设施进行合理开放的运行机制，特别是开放科研院所及高校的科研设备，能够与社会共享，为社会提供服务，为虚拟现实企业的创新做出贡献。

3.5.2　分析 2019—2022 年虚拟现实和增强现实产业发展机会和投资点

随着 AR/VR 产品不断丰富，应用领域不断扩张，用户规模也不断攀升，中国虚拟现实用户规模从 2015 年的 52 万人增长至 2017 年的 500 万人，2020 年有望超过 2000 万人。因为技术成熟、消费升级需求、产业升级需求、资本持续投入、政策推动五大因素促进虚拟现实产业快速发展，虚拟现实市场规模逐渐趋于稳步增长。以下从政策、产业、市场、技术等方面对 2020 年之后虚拟现实产业机会点开展预测和分析。

1. 积极主动的扶持发展政策

从《2016 年虚拟现实产业发展白皮书》到 2018 年末发布的《关于加快推进虚拟现实产业发展的指导意见》（工信部电子〔2018〕276 号），都要求抓住虚拟现实发展新机遇，加大虚拟现实关键技术和高端产品的研发投入，创新内容与服务模式，建立健全虚拟现实应用生态。推动虚拟现实产业发展，培育信息产业新增长点和新动能。2019 年，其他部委也陆续发布了人才培养和应用层面的政策。2019 年 6 月，教育部发布了《关于职业院校专业人才培养方案制订与实施工作的指导意见》，2019 年 8 月，科技部等六部门发布的《关于促进文化和科技深度融合的指导意见》，这些文件都在虚拟现实产业认知的深度和广度以及产业发展方向均有较为充分的调研、认知和预判，政策面上对虚拟现实技术和应用都是积极主动的扶持和发展。

发展虚拟现实产业要牢牢把握技术创新与产业变革的窗口期，发挥虚拟现实带动效应强的特点，以技术创新为支撑，以应用示范为突破，以产业融合为主线，以平台聚合为中心，突破虚拟现实产业就事论事的发展定式，着力构建"虚拟现实+"融通发展生态圈。

虚拟现实遵循先硬件后内容的发展节奏，内容跨平台趋势助推产业生态加速成形。人工智能对虚拟现实的影响轨迹逐渐明晰。我国 2019 年支持 5G 网络商用部署，2020 年开始规模化商用，而 5G 产业链日臻成熟，世界各国相继制定 5G 网络相关政策推动产业发展和网络建设，这也是虚拟现实大发展的一个风口。

2. 产业逐步走向"产业协同"的发展方向

2016 年虚拟现实吸引了大量的游戏和影视制作资源的加入，特别是在房地产行业虚拟现实发展突出。2017 年教育行业虚拟现实技术有所突破，之后虚拟现实产业内相关的行业协会互相协助推广，虚拟现实产业生态的搭建和产业上下游自发形成产业链成为共识。2018 年，虚拟现实产业内企业逐步开始从项目制向产品制转型，工程、医疗、教育、汽车、广告等方向的应用方兴未艾。

2019 年虚拟现实产业端的方向是"产业协同"，基于传统产业转型升级，虚拟现实产业应该紧紧围绕传统产业生态开展建设，逐步建立起一整套更适应虚拟现实技术和产业发展特色的技术推广和产业支持常态化政策体系，积极鼓励和扶持具有传统产业基础和前沿科技跨界研发应用能力的应用方向和生态链。

2020 年，5G 云 VR 业务带动虚拟现实用户数增长，"VR/AR+"应用场景加速落地，虚拟现实硬件、软件、内容检测体系逐步建立。虚拟现实终端产品更加丰富，VR 一体机、分体机、AR 眼镜等产品将加快创新迭代。

3. 市场方面 5G 的推广应用成为虚拟现实发展最大的助力

虚拟现实已经开始拥抱传统产业，成为产业升级和科技创新发展的"新势力"。

以百度、阿里、腾讯、京东、华为、小米、联想等传统互联网和硬件主流品牌企业和以 HTC、Pico、大朋等虚拟现实产业主流品牌企业分别有一定的客户基础和品牌优势且都有各自的生态布局，但在虚拟现实产业的整体市场认知打造和宣传推广层面力度和最终效果都相对有限。

2020 年电信运营商力推 5G 云 VR 业务，有力拉动虚拟现实用户数增长。中国电信在全国 50 座城市启动 5G 网络商用，并同步发布天翼云 VR 应用，内含各类型 VR 内容库超千部。中国移动福建公司推出了"和　云 VR"业务，包括 VR 现场、VR 趣播、巨幕影院、VR 游戏、VR 教育等趣味场景。中国联通建设了 5G+Cloud VR 系统平台，通过引入 VR 影视、VR 游戏、VR 教育等 VR 特色应用，开展 5G+VR 的全流程端到端解决方案技术研究、方案验证及应用推广平台。

随着 5G 网络、云技术的发展成熟，相应的规范、标准将陆续出台，5G 云 VR 的产品化进程和商业盈利模式加速推进。电信运营商与虚拟现实设备提供商、虚拟现实内容制作商、渠道及集成商、行业用户之间的合作将更加紧密。运营商大力推动 VR/AR/MR 平台发展，充分发挥虚拟现实的价值，教育培训、远程医疗、智慧健康养老、家庭影院等虚拟现实场景进一步落地，带来更多虚拟现实用户和市场。

随着新一轮虚拟现实产业链的升级以及 VR 与 5G、云计算、人工智能、超高清视频等技术的融合创新发展，虚拟现实在各行业的应用将进一步深化普及，应用场景也更加丰富。以 2020 年延庆高山滑雪测试赛、2022 年北京冬奥会等重大活动赛事为契机，"虚拟现实+"应用将在冰雪培训领域优先爆发，VR 直播、VR 电竞、VR 课堂、VR 内容创作等应用进一步普及。随着智能化 AR 平台和轻薄型 AR 眼镜的出现，爆款消费级 AR 应用将出现，增强现实在娱乐、工业、商贸、医疗、教育等行业领域将不断普及。此外，虚拟现实和智慧健康养老、医疗健康、文化教育等领域进一步融合，将创新社会服务方式，有效缓解养老、医疗、教育等社会公共资源不均衡问题，促进社会和谐发展。

4. "虚拟现实+"产业链思维的技术融合发展方向

虚拟现实技术应该可以与各行各业产业链中的各个环节结合并打通，成为传统技术与新兴技术之间桥梁，从而实现效率的提升和各类成本的下降。"虚拟现实+智能制造"也是虚拟现实在产业链重要核心环节——工业制造的应用。虚拟现实技术和应用发展趋势主要有以下几大特点。

1）需要更多虚拟现实全景内容

使用虚拟现实全景内容除了在所有垂直领域传播外，内容和质量也都在逐年提升。而现在使用虚拟现实和虚拟现实全景的公司也越来越多，展望未来，可以看到全景虚拟现实内容在更大范围内普及。其中广告领域将出现更多增强现实应用实例。

2）绕不开的 5G 网络普及

5G 网络的普及需要时间和精力，尤其需要大型电信公司的推广。处理器开发领域的领军企业高通公司宣布将在 2020 年推出可与网络兼容的新芯片。苹果公司也宣布将在 2020 年登上 5G 列车。

5G 网络的普及会推进虚拟现实设备提供商与电信运营商、虚拟现实内容制作商、渠道及集成商、行业用户之间的协助，形成更加紧密的利益共同体，确保虚拟现实应用场景进一步落地，带来更多虚拟现实用户和市场，在这个过程中结合虚拟现实应用创新社会服务形式。同时也要求更多的虚拟现实技术开发者。

3）更身临其境的沉浸式体验

对于虚拟现实而言，更重要的就是如何做到逼真。八面球体的全方位立体声麦克风捕捉 360 度音频，这样可以为用户带来身临其境的音频体验。这种创新在虚拟现实技术发展的基础上将发挥更大的作用。与现实相比，虚拟现实设备能让人们鼻子的嗅觉和触觉更接近真实的体验。在 2020 年以后更加期待进一步的沉浸式体验。

增强现实和虚拟现实这两项互相联系又有所不同的技术将结合起来。增强现实技术是在静态图像上呈现虚拟对象，而虚拟现实是让用户生活在虚拟世界中，两者结合，可以为许多企业创建有用的工具，希望能够出现与物理现实难以区分的虚拟现实世界。

4）虚拟现实产品成本下降、可用性提高，技术标准走向成熟

其实无论是硬件还是软件，虚拟现实技术只有在普通用户可以负担得起时，才会真正变成主流。当前市面上大多数都是高端虚拟现实产品，售价动辄上千美元，普通用户根本无力承担。在 2020 年可以期待这种局面发生变化，虚拟现实产品会变得更加普及，价格也会下降到慢慢被大众所接受的程度。

只有把应用落到实处，解决实际问题，提升实际效率，降低实际成本，切实把优质产品使用起来，培养使用者正确的使用方法和习惯，真正将虚拟现实技术应用成为商用和民用市场的常规应用，才是人们所期待的美好未来，这个过程中，硬件和技术的迭代只快不慢。

客户体验可以细分到不同年龄、性别、学历、背景、工作等维度的人，如何分别从民用或商用的不同角度评价应用端的质量并最终服务于应用推广普及，这就意味着要从"人因工程"的角度来对技术、产品、服务、应用进行深入研究和实践，最终形成一套切实可行的应用质量标准体系。

3.5.3　5G 商用促进虚拟现实产业创新发展

工业和信息化部电子信息司指出，我国在 2017 年率先发布 5G 中频段使用规划，力争在 2020 年实现 5G 商用。但我国 5G 发展还存在问题和挑战。其一，我国高频基站应用场景还在探索中，尚未形成明确应用需求；其二，我国终端及其基带芯片逐渐缩小与国际先进水平的差距，但大部分前端射频器件仍需进口；其三，国内 5G 高频器件技术产业发展缓慢，高频器件突破难度较大，整机牵头拉动作用尚未体现。为扎实推进 5G 研发应用、5G 产业链成熟和 5G 安全配套保障，补齐 5G 芯片、5G 高频器件等产业短板，电子信息司将实施以下工作：一是着重布局发展 5G 中高频器件，加快研发和产业布局；二是通信设备产业链协同推进支撑能力建设，推动产业链上下游协作及整体能力提升；三是加强试点示范，加快 5G 推广应用，为我国 5G 成功商用奠定坚实基础。

5G 商用促进虚拟现实产业创新发展，虚拟现实和高清视频的应用和发展也将夯实 5G 商用的基础。虚拟现实是未来产业发展的新兴增长点，经过近几年的发展，我国虚拟现实和增强现实产业在关键核心技术和重点应用领域取得了多项突破，但也存在关键技术和高端产品供给不足、优质内容与服务较为匮乏、创新支撑体系不健全、应用生态不完善等问题。电子信息司将以提升创新能力和应用水平为主线，以加强技术产品研发、

丰富服务内容供给为抓手，以优化发展环境、建立标准规范、强化公共服务为支撑，促进虚拟现实产业创新发展，培育信息产业新业态，为经济社会持续健康发展提供新的动能。电子信息司将在虚拟现实领域开展以下工作：一是加强顶层设计，制定虚拟现实指导意见；二是加强行业组织建设，营造良好发展环境；三是加强交流合作，打造国际性高层次会展平台，加快提升研发创新能力。

另一方面虚拟现实产业离不开高清视频的应用，要抢占超高清视频产业制高点，超高清化是继视音频数字化、高清化之后的又一轮重大技术革新，各国都在积极布局超高清视频产业，抢占竞争制高点。我国超高清视频产业在终端产品率先实现普及，内容制作设备初具自主设计能力，核心元器件形成局部突破，网络支撑能力初步具备，内容建设稳步推进，行业应用亮点初现。

为推动我国超高清视频产业的发展创新，电子信息司将从强机制、促创新、建生态、推示范、促集聚五个维度开展工作。一是加强顶层规划设计，制定《超高清视频产业发展行动计划》；二是加大创新支持力度，支持产品研发和产业化；三是构建产业生态体系，推动全产业链协同发展；四是开展应用试点示范，培育新业态和新商业模式；五是推动产业集聚发展和地方先行示范，发挥示范引领和辐射带动作用。

这些产业政策对虚拟现实产业发展都是重大利好，要珍惜和把握好 5G 商用产业政策带来的红利，宏观上跟紧产业发展方向，走出一条有自己特色的虚拟现实创新创业之路。

3.5.4　虚拟现实技术企业要把握好国家产业发展趋势

1. 工业和信息化部印发加快推进虚拟现实产业发展的指导意见

工业和信息化部印发《关于加快推进虚拟现实产业发展的指导意见》，紧密结合国家相关产业政策，利用现有渠道，创新支持方式，重点支持虚拟现实技术研发和产业化。加强对产业发展情况的跟踪监测和发展形势研判。鼓励金融机构开展符合虚拟现实产业特点的融资业务和信用保险业务，进一步拓宽产业融资渠道。

虚拟现实（含增强现实、混合现实）融合应用了多媒体、传感器、新型显示、互联网和人工智能等多领域技术，能够拓展人类感知能力，改变产品形态和服务模式，给经济、科技、文化、军事、生活等领域带来深刻影响。全球虚拟现实产业正从起步培育期向快速发展期迈进，我国面临同步参与国际技术产业创新的难得机遇，但也存在关键技术和高端产品供给不足、内容与服务较为匮乏、创新支撑体系不健全、应用生态不完善等问题。为加快我国虚拟现实产业发展，推动虚拟现实应用创新，培育信息产业新增长点和新动能，提出以下发展目标。

到 2020 年，我国虚拟现实产业链条基本健全，在经济社会重要行业领域的应用得到深化，建设若干个产业技术创新中心，核心关键技术创新取得显著突破，打造一批可复制、可推广、成效显著的典型示范应用和行业应用解决方案，创建一批特色突出的虚拟现实产业创新基地，初步形成技术、产品、服务、应用协同推进的发展格局。

到 2025 年，我国虚拟现实产业整体实力进入全球前列，掌握虚拟现实关键核心专利和标准，形成若干具有较强国际竞争力的虚拟现实骨干企业，创新能力显著增强，应用服务供给水平大幅提升，产业综合发展实力实现跃升，虚拟现实应用能力显著提升，推动经济社会各领域发展质量和效益显著提高。

重点任务是突破关键核心技术，推动虚拟现实相关基础理论、共性技术和应用技术研究。坚持整机带动、系统牵引，围绕虚拟现实建模、显示、传感、交互等重点环节，加强动态环境建模、实时三维图形生成、多元数据处理、实时动作捕捉、实时定位跟踪、快速渲染处理等关键技术攻关，加快虚拟现实视觉图形处理器（GPU）、物理运算处理器（PPU）、高性能传感处理器、新型近眼显示器件等的研发和产业化。特别是在近眼显示技术、感知交互技术、渲染处理技术、内容制作技术方面加强研究力量。另外在丰富产品有效供给、推进重点行业应用、建设公共服务平台、构建标准规范体系、增强安全保障能力等方面也要齐头并进，推进虚拟现实产业发展。

2. 虚拟现实产业的发展现状和未来趋势

虚拟现实产业的发展形势喜人，站在未来看现在，虚拟现实产业是拥抱未来的新兴朝阳产业，市场前景广阔。我国以"虚拟现实+"为基础的新业态正步入一个高速发展的增长期，已经在人工智能、5G通信、高端芯片、新兴显示等领域取得了一定进展。通过这些领域的协同创新，以虚拟现实为产业抓手，能够推动不同领域的跨界融合，进而定义新标准与新技术，乃至裂变出颠覆式的新产品和新市场。

"虚拟现实+"时代已经开启。国家工业和信息化部电子信息司副司长乔跃山表示，虚拟现实业务形态丰富，产业潜力大，社会效益强，虚拟现实应用正在加速向生产与生活领域渗透。在中国制造2025重点领域技术路线图中，虚拟现实被列为智能制造核心信息设备的关键技术之一。虚拟现实开始应用于手术培训、导航、心理治疗和康复训练等领域。在大众应用方面，预计2025年虚拟现实直播用户群接近1亿规模。我国已成为全球虚拟现实产业的主要发展中心。在产业政策方面，我国将虚拟现实产业发展上升到国家高度，虚拟现实被列入"十三五"信息化规划等多项重大文件中，我国近20个省、市、地区开展布局虚拟现实产业。在资本市场方面，总部设在中国的虚拟现实初创企业约获得全球投资总额的20%，位居世界第二。

我国虚拟现实产业具备一定的发展基础，但也存在一些问题和不足。特别是虚拟现实产业的瓶颈亟待突破，包括缺乏对虚拟现实技术特征与系统工程层面的研发投入，优质的虚拟现实内容应用不足。

虚拟现实是多个产业交叉融合的新型领域，电子、通信、文化等数个产业汇聚在一起，塑造出新的发展模式。从产业配套来看，发展虚拟现实技术将加速上游关键器械的升级进程，有利于打破传统彼此封闭、烟囱式的产业发展框架，串联起产业链不同领域的骨干企业，实现由产业单点突破向产业生态扩张的转变。

虚拟现实的发展有多方面的趋势，其中很重要的就是虚拟现实和人工智能的融合。人工智能和虚拟现实可以说有天然的联系，随着这两项高新技术的不断发展，有你中有我、我中有你的趋势。随着虚拟现实技术和人工智能技术的快速进步，以及虚拟现实应用领域的日益拓展和应用，对虚拟现实系统功能的智能化需求不断提高，人工智能技术开始融入虚拟现实系统，并逐步成为虚拟现实系统的一个重要特征。虚拟现实的主要特征将由3"I"变为4"I"，第四个I就是智能。这种智能化会体现在虚拟对象的智能化、虚拟现实交互的智能化、虚拟现实内容研发和生产的智能化三方面。

我国的"十三五"规划纲要中提出，未来将大力扶持虚拟现实技术，使其成为一个重要的经济增长点。"十三五"规划的出台让更多经济巨头开始入局虚拟现实领域，加强对虚拟现实技术的研究和探索。虚拟现实在商业上的发展一旦方向明确，将会是一场颠覆性的革命。虚拟现实产业在未来将会呈现以下几大发展趋势：投资趋缓，虚拟现实进入理性发展阶段；5G 助推虚拟现实业务繁荣；内容与特定平台加速生态成形。

从总体来看，虽然现阶段我国虚拟现实产业正处于发展的初始阶段，但是从长远来看，我国虚拟现实产业具有非常大的发展潜力。依靠技术的加持，政府和企业的重视，相信我国虚拟现实产业未来还会给人们带来更多的惊喜。

3. 虚拟现实企业如何顺应产业发展

国务院《关于进一步扩大和升级信息消费持续释放内需潜力的指导意见》，部署进一步扩大和升级信息消费，充分释放内需潜力，壮大经济发展内生动力。其中提出通过遴选示范项目，推动提升信息消费供给水平，扩大信息消费覆盖面，培育可复制、推广的信息消费新产品、新业态、新模式，进一步挖掘信息消费潜力，推动信息消费扩大和升级。

虚拟现实企业应该根据《指导意见》的示范内容，响应政策要求，顺应产业发展，进行创新创业。虚拟现实创新企业可以从以下各类信息消费中挖掘创新创业的机会。

1）生活类信息消费

发展面向文化娱乐的数字创意内容和服务、面向社区生活的线上线下融合服务，增强产品和服务供给能力，提升供给品质。

（1）数字创意内容和服务。鼓励利用虚拟现实、增强现实等技术，构建大型数字内容制作渲染平台，加快文化资源数字化转换及开发利用，支持原创网络作品创作，拓展数字影音、动漫游戏、网络文学等数字文化内容，支持融合型数字内容业务和知识分享平台发展。

（2）线上线下融合服务。鼓励垂直领域信息服务发展，支持各类网上超市、餐饮外卖、家政、演出票务等 O2O 服务。支持网络约租车、民宿短租、旅游线路定制等交通旅游服务，积极拓展信息消费新业态、新模式。

2）公共服务类信息消费

面向居家护理的智慧健康服务、面向便捷就医的在线医疗服务、面向学习培训的在线教育服务，推广高效、均等的在线公共服务，拓展居民消费空间。

（1）健康医疗服务。支持在线医疗服务，推动在线健康咨询、居家健康服务、个性化健康管理等应用，支持利用信息技术发展个性化医疗、远程诊疗，优化诊疗流程，提高健康医疗领域的管理能力和决策水平，推动健康医疗领域数字化转型。

（2）在线教育服务。鼓励建设完善教育信息基础设施，支持建设课程教学与应用服务有机结合的优质在线开放课程和资源库，支持在线开放教育资源平台建设和移动教育应用软件研发，支持大型开放式网络课程、在线辅导等线上线下融合的学习新模式，扩大优质教育资源覆盖面。

3）行业类信息消费

鼓励发展面向垂直领域的电子商务平台服务，面向信息消费全过程的网络支付、现代物流、供应链管理等支撑服务，面向信息技术应用的综合系统集成服务。

（1）电子商务平台服务。支持面向垂直领域的电子商务平台服务，支持适合农村及偏远地区的电子商务平台服务。支持构建基于社交电子商务、移动电子商务及新技术驱动的新一代电子商务平台。

（2）行业信息化服务。支持信息技术服务企业依托信息技术技术服务标准（ITSS）体系，培育支撑行业信息化的新兴信息技术服务，推动提升"互联网+"环境下的综合集成服务能力，支持面向信息消费供给侧的信息化改造升级。

（3）现代物流服务。支持发展面向信息消费全过程的现代物流服务，支持物流全程信息融合，支持多式联运综合物流的创新应用，支持无人机、无人车、无人分拣、无人仓等新技术运用，开展物流"最后一公里"应用创新。积极探索利用人工智能、物联网、区块链等技术开展物流信息溯源及全程监测，推进物流业降本增效。

4）新型信息产品消费

鼓励升级智能化、高端化、融合化信息产品，重点支持可穿戴设备、虚拟现实等前沿信息产品，鼓励消费类电子产品智能化升级和应用。

（1）前沿电子信息产品。支持5G、超高清、消费级无人机、虚拟现实等产品创新和产业化升级。支持整合利用智能电视、智能音响、可穿戴设备、智能服务机器人等新型数字家庭产品，基于人工智能等技术构建数字家庭解决方案。

（2）消费类电子产品。支持利用物联网、大数据、云计算、人工智能等新一代信息技术推动消费类电子产品的智能化升级，在交通、能源、市政、环保等领域开展应用示范。

5）信息消费支撑平台

支持信息消费体验中心建设，依托体验中心开展信息技能培训，夯实平台支撑。

支持利用虚拟现实、增强现实、交互娱乐等技术搭建信息消费体验中心，集中展示信息消费最新成果，增强信息消费体验，培养消费者信息消费习惯。支持依托信息消费体验中心组织开展信息技能培训，鼓励信息消费体验中心创新提升信息消费体验，扩大信息消费影响力和受众群体。

第章

虚拟现实创新创业实践

虚拟现实技术离真正的大规模工业化应用、商业化还有一定的距离，但随着 5G 时代的来临，这个差距也不会太远，其前景十分广阔，市场价值巨大，将掀起新一轮科技浪潮。随着一系列高科技产品诞生并带入现实生活，让虚拟与现实的界限不再那么清晰，虚拟现实以及其科幻级技术正在以颠覆市场的趋势走来，给传统游戏行业、医疗、教育、旅游和设计以及新兴行业等各行业带来颠覆的可能，带来不一样的全新体验及交互方式。虚拟现实是综合的科技应用，先来看看全球范围内的虚拟现实设备的大品牌。

1. Oculus

虚拟现实设备十大品牌，隶属美国 Facebook 公司旗下，为电子游戏设计的头戴式显示器，将虚拟现实接入游戏中，使得玩家们能够身临其境，对游戏的沉浸感大幅提升。

2. SONY 索尼

SONY 索尼是横跨电子 3C、游戏、金融、娱乐领域的世界巨擘，拥有世界屈指的品牌影响力。

3. VIVE

由 HTC 与 Valve 联合开发的 VR 虚拟现实头盔，致力于给使用者提供沉浸式虚拟现实体验。

4. SAMSUNG 三星

三星集团是韩国最大的企业集团，为三井住友（三井财团）的子公司，同时也是一家大型跨国企业集团。

5. Microsoft 微软

美国微软公司是世界 PC（Personal Computer，个人计算机）机软件开发的先导，是全球较大的计算机软件提供商。

6. 暴风魔镜

北京暴风魔镜科技有限公司，暴风集团旗下，一款头戴式虚拟眼镜，左右摆头可以360 度沉浸式体验游戏/旅游景区/演唱会/各类赛事里的各个场景和角色。

7. DeePoon 大朋

上海乐相科技有限公司国内代表性的虚拟现实公司，提供全方面虚拟现实解决方案，造福更多用户，上海乐相科技有限公司引领未来人类娱乐方式，继手机之后世界第四屏。

8. Antvr 蚁视

蚁视 ANTVR 专注于虚拟现实、增强现实、全息现实等穿戴式设备。蚁视致力于打造虚拟现实版的莫比乌斯环，让用户在有限的空间中，在视觉、听觉、触觉等诸多方面获得无限的感官体验。

9. 3Glasses

国内较早从事 VR 行业，专注于智能穿戴设备/虚拟现实/增强现实等领域研发/生产和销售的公司。

10. MI 小米

小米公司正式成立于 2010 年 4 月，是一家专注于高端智能手机、互联网电视以及智能家居生态链建设的创新型科技企业。

随着硬件质量、分辨率、渲染能力的逐步提升，虚拟现实头显面临的问题从"能用"进阶为"好用"，如何实现与虚拟物体的交互、通过云技术减轻计算模块质量、能够长时间使用成为下一阶段虚拟现实头显的技术壁垒。另一方面虚拟现实的大众化普及还有以下瓶颈：硬件产品的技术壁垒、硬件产品的价格、虚拟现实的内容少、可玩性低。可以说虚拟现实大众化普及只差临门一脚，需要创新创业企业对虚拟现实/增强现实与医疗、教育、制造、文旅、流媒体等行业的契合点与发展趋势进行剖析，通过虚拟现实创新创业实践去"化虚为实"打破瓶颈。

4.1　虚拟现实技术创新创业发展过程及应用特点

以"智能"的室内健身系统的创新创业过程为例，分析虚拟现实技术创新创业发展过程还是很有特点的。

创业者小珺（化名）发现："室内健身是枯燥的。要想坚持下来，健身的人需要有极强的自制力。"对于本项目科技创始人小珺和他的团队来说，怎样把枯燥的健身变得有趣，是这个智能健身项目的"初心"。现在人们的健身意识强烈，很多人都在家里购置了跑步机或动感单车，但缺乏持续训练和系统训练，这会让大家的健身效果大打折扣。创业者发现"玩游戏是容易沉迷的"。从这个想法出发，小珺和团队研发了一组虚拟运动游戏的软硬件结合产品，依托电磁传感硬件采集运动信息，让健身者在游戏的带动下，去竞技、社交，激发运动的兴趣。

在这款产品中，小珺选择呈现的首个运动场景，是他最爱的骑行。"智能"和"骑行"是这两个项目共同的关键词。对于软件专业出身的小珺来说，把专业和爱好结合起来，或许是最好的创业选择。在分析梳理了其他人创新创业项目的经验教训之后，小珺看到最重要的一个经验就是技术研发阶段要低调、踏实。

于是，他们在一个住宅楼里，埋头开始了新征程。创业者说："最开始的日子里，我们一点一点摸索学习怎么做游戏。尽管新项目也是在做软件，但是游戏和之前做的 App 完全属于不同的领域。"在游戏开发渐渐完成之后，团队招募了一批游戏策划、场景、设计的专业团队。两个月后，第一款 PC 端的产品上线。

为了让参与者在游戏中达到更专业的健身效果，团队又进一步吸纳了具有运动医学背景的成员，开发了为定制课程、分析运动效果的辅助训练软件。

软件并不是项目的盈利点。要想收集运动数据，让用户在游戏场景中科学健身，以电磁控阻尼器和地磁传感器作为产品核心技术，项目团队研发了一组硬件产品。其中一款入门级的传感器，售价比较亲民，外形简单小巧，在运动过程中，可以绑在自行车脚踏或自行车花鼓上，用来检测脚踏的速度和车轮转速；项目主打的另一款产品是骑行台设备，售价较高，定位高端用户，可以让用户将自行车后轮拆掉安装上，除了监测运动数据，还可以配合游戏，模拟骑行过程中的上下坡。

为了测试出最好效果，依靠在贴吧、论坛、豆瓣等骑行爱好者社群里的自营销和自传播，项目在 PC 端口已经聚集了 2 万用户。而从创业第二年 2 月开始，项目实现了盈利。骑行台处于供不应求的状态。随着团队成员扩充到了 30 余人，办公地点搬了，还增加了两个专门的实验室，用于不断测试、打磨产品的性能。下一步，项目团队可以考虑再建设一个面积更大的实验工厂。

据创业者团队分析，受制于 PC 版本游戏的操作体验还不够便捷，项目产品的用户还局限于骑行爱好者的小众范围内。将来，如何让更多的普通用户方便地获取智能骑行的体验，是团队重点突破的方向。创业者团队正在重点发力，研发一款带有 pad 或者手机支架的动感单车式智能骑行设备，同时上线适用于 Pad 和手机 App 版本的游戏。届时，产品将通过电商直销等渠道推广。

从这个项目中可以看到虚拟现实技术创新创业发展过程有以下显著特点：怎样把枯燥的健身变得有趣，是这个智能健身项目的"初心"，这是从实际出发的创新创业出发点，也就是一开始的选题和项目方向的选择要有实际应用价值，不能无病呻吟；创业者要把自己的爱好与创新创业相结合，这样既有基础又有激情，"智能"和"骑行"相结合体现了技术与应用的结合，虚拟现实创新创业经常是软硬件、游戏、娱乐一体化的；在推广传播中开始是靠自营销和自传播，属于骑行爱好者的小众范围内，但是要有一定的受众基础和对应的营销手段；强调用户体验，这是虚拟现实创新创业团队重点突破的方向。

4.2　虚拟现实创业企业的运营

虚拟现实技术在消费市场上得到了快速发展，通过转型或新成立了大量以虚拟现实技术为主营业务的高科技公司。这类虚拟现实企业在运营方面既有与互联网高科技企业相同的特征，又有其独特的技术和应用特征以及市场环境特点，使得虚拟现实企业在商业模式上有其自身的特点。虚拟现实企业的商业运营模式创新必定是根据行业特点和企业自身定位及所掌握的资源为基础进行的创新，同样也需要结合本行业情况进行运营模式的创新，这样才能使其在市场竞争中保持自身的竞争力。因此构建一套完整的、科学的虚拟现实企业商业运营模式创新的分析框架及评价体系，对于该类型企业建立其核心竞争优势并促进其发展具有重要的理论意义和现实意义。

这里以六要素理论和平台理论为应用基础，根据虚拟现实企业产品或服务定位的不同，将虚拟现实创新创业企业分为研究与分析内容型、硬件平台型和行业应用型三种类型，当然对应的虚拟现实企业的行业特性、企业特性和产品特性也会不同。在此基础上，来分析不同类型的虚拟现实企业运营模式。虚拟现实创业企业运营可以从几个环节来分析：企业认知和市场定位、市场趋势和经营感知、业务框架和产品培训、综合运营、技术研发、行业资源整合。

1. 企业认知和市场定位

从虚拟现实全产业链为立足点，从芯片研发到算法，从内容制作到分发平台，从工具的研发、开放到硬件标准的研发、开放，从应用系统到全行业解决方案、应用实施，从人才培训标准的建立到人才培训实施，对自己的创新创业需要有一个较明确的企业认知和市场定位。以此为基础再进行情境描述、讲故事、讲情怀，吸引人才，吸引投资。

2. 市场趋势和经营感知

通过获取国内外虚拟现实领域的新闻热点资讯，感知市场趋势，并且转化为经营感知；通过各种新媒体渠道发布，吸引阅读者，提高影响力及粉丝增长量。然后挖掘产品应用情境，组建团队、产品推广。

3. 业务框架和产品培训

在正确的市场趋势和经营感知下，确定整体业务框架，组织虚拟现实专题会议，调研数据分析，撰写产品方案调研报告；运营微博、微信、论坛等新媒体平台，策划与提供优质、有高度传播性的内容；快速响应社会、行业热点话题，对公司新媒体账号的关注度负责；以此为基础进行产品培训、推广；跟踪新媒体内容的推广效果，分析数据并反馈，总结经验。

4. 综合运营

可以寻求创新创业孵化工厂的支持，整合他们的财税服务、人力服务、法律服务、政策规划、投融资服务为我所用。在技术转移、产业培训、品牌建设、应用服务咨询、知识产权、营销推广等方面，需要创新创业企业亲力亲为，并且不断调整，走出有自己特色的道路。

5. 技术研发

根据业务规划、业务方向制定技术研发计划和方案。以内容素材制作为例，按照素材内容类型的不同，虚拟现实素材内容包括 PGC、UGC、影视剧以及直播等。UGC、PGC等由于其内容性质，用户坚持度不强，从长期来看不是虚拟现实的主流素材内容；虚拟现实直播作为新兴的直播方式，有望成为企业客户经常使用的传播方式，且秀场虚拟现实直播、体育虚拟现实直播等被越来越多的消费者所接受，则需要在技术研发上重点关注；虚拟现实电影、电视剧技术瓶颈有待突破，制作成本高、周期长、数量稀缺，在短期内也不会成为高频的虚拟现实素材内容。

6. 行业资源整合

行业资源包含平台、内容生态共享促进策略、涵盖广告、版权、下载等渠道的全面商业分成模式，同时考虑社交体系、广告体系、销售体系等资源。技术方面可以参与虚拟现实创业者、开发者沙龙活动和寻求虚拟现实内容孵化器支持。

硬件方面，开发厂商都是各自为战且有各自的标准，未来虚拟现实科技公司希望提供一些硬件的技术标准给开发者甚至提供一些输入设备的开发方式；在制定相应硬件标准的情况下，与相关的硬件厂商合作，优化相关硬件产品乃至合作研发硬件产品，改善用户体验。

4.3　虚拟现实的创业管理特点

虚拟现实技术的大众化普及需要成熟的应用场景、底层技术和逻辑支撑，以及政府部门和行业组织的推动，虚拟现实创业管理也需要行业人才和成熟经验的积累，还需要不断创新和学习。

虚拟现实发展需要三个阶段：第一阶段增强现实+移动端，利用现有设备与技术达到虚拟现实的普及应用；第二阶段是当虚拟现实眼镜足够轻便，能够作为常规佩戴的设备时，这个阶段需要形成以虚拟现实为核心的底层系统，为虚拟现实终极形态打好基础；第三阶段是生物技术发展至足够高的程度，虚拟现实将会直接应用于视觉神经的连接，成为人们日常生活的一部分，成为人身体的一部分。虚拟现实创新创业和企业管理也应该与这三个阶段契合。

作为新一代平台技术和互联网入口，虚拟现实/增强现实基于拟真可复用、场景具象化、支持多人交互等特点，已经融入各行各业，并与多项新兴技术融合发展。行业应用落地商机众多，因此虚拟现实创业管理也要融入各行各业，与行业应用、行业特色匹配。

例如医学教育和手术模拟，是虚拟现实最早落地的行业领域。医学实践中涉及的知识最复杂、错误代价大，加上医学是一门实践性强的学科，经验积累和诊疗水平的提升来源于重复的操作，因此，虚拟现实技术的搭建基于临床真实案例的高仿真训练系统就具有以下突出的优势：一是将个人"隐性知识"显性化和标准化并广泛分享；二是可重复；三是在充分保障患者安全的前提下，实现医生的训练技能和积累经验；四是客观性和标准化，有利于快速培养同质化专业人才；五是数据结构化成为可能，为真正智慧医疗建立端口。这样的虚拟现实创业管理还要包括知识管理、技术人员与领域专业人员管理；虚拟现实+医疗较依赖专业设备，增加了成本和管理的难度，知识片段化、系统性不强等问题对企业管理都是挑战。

对于智能制造领域的虚拟现实创新创业企业，虚拟现实/增强现实必须与大数据、物联网等新兴技术结合，满足智能制造对标准、管理、效率的需求。虚拟现实创业管理又具有高科技企业管理的特性和需求，在提升管理效率的同时应该降低管理成本。

虚拟现实创业管理应该更多服务于设计研发及生产，确保开发的软硬件产品贴近实际生活、走进大众生活的应用，让技术更加生活化，这才是合理的管理。

4.4　虚拟现实创业实践中技术的重要性

以网络虚拟体验游玩"武夷山景区"项目的创业实践过程来分析说明虚拟现实创业实践中技术的重要性。

1. 把所学专业与计算机应用技术相结合，为创业打好基础

创业项目的负责人小珉（化名）大学时学习的是艺术类专业，而不是以技术类工科生的身份进入大学，但是他积极、进取，对自己的专业十分热爱，以朝气蓬勃的姿态面对生活，在他身上正通过实实在在的努力体现出对国家的热爱、对生活的热爱。在这个大众创业、万众创新的时代，小珉在大一时就自我定位，在心里埋下了一颗创业的种子。最开始，小珉并没有直接进行创业，而是一步步展开规划，从培训开始。开始时，为对动画设计感兴趣的人进行培训，通过应用技术培训初步赚取了 2 万元的收入，但他并未因此满足，小珉进而组建了一个 3 人团队，开始接项目。最初接一些小项目，如动画设计、广告设计、视频剪辑等。培训之余，小珉会对创新创业项目进行研究。

2. 把虚拟现实技术应用到旅游产业中，挖掘创业机会

机缘巧合，在专业导师的带领下，小珉开始接触虚拟现实技术。制作计算机游戏在他大学学习时有过接触，而虚拟现实与制作游戏有许多相似之处，最初做这个项目单纯是因为喜欢这项技术，随着对虚拟现实技术的进一步了解，小珉开始应用这一技术，参与创新创业比赛。立足于武夷山这样一座开放性的国际旅游景区，小珉决定将这一技术应用到武夷山旅游市场，他希望将武夷山的各大景区用虚拟现实技术体现出来，把它带给全国、全世界的人，让人们未出游便可一睹武夷山景区的风采。

机会总是垂青于有准备的人，为了将虚拟现实技术真正应用于武夷山旅游市场，小珉做了大量准备工作。首先，小珉的团队充分对虚拟现实市场进行研究。经过多方调研，小珉了解到武夷山的虚拟现实领域还不是特别成熟，于是小珉瞄准市场，开始狠下工夫，将大学计算机专业知识自修完毕。虽为艺术生，他却硬生生逼迫自己将一本本厚厚的编程资料熟读于心，编程和设计不同，不再是直观的视觉感受，往往一个小小的交互式程序，就需要敲击一长串代码，整个程序是一个整体，将整个编程框架构思好才能开始，非常锻炼一个人的逻辑思维。对于他而言，这是一个不小的跨越。现在每每想起，都会很佩服当初那个倔强的自己。

在成长的路上，小珉也曾面对各种各样的质疑，不过他以对产品的精致追求、优质的服务、公道的价格逐渐占领市场，将众人一一征服。这个过程中，他得到了许多的帮助。专业的创业指导为其孵化提供切实帮助，还有学校与导师都给予了大量的指导帮助。

3. 创业过程中需要大家的扶持和技术团队的支撑

团队的重要性是毋庸置疑的，人在一起称为聚会，心在一起称为团队。团队可以补充不同的思想，在有项目、任务时相互分担，在遇到困难时相互鼓励、相互依靠。小珉团队里的人，具有相同的爱好：喜欢做设计。在专业技能上，或擅长，或热爱，这也是小珉团队组建的重要前提。通过做出好的项目，通过比赛获奖取得荣誉证书，通过做出市场上认可的产品，从而得到经济上的回报并继续努力。

4. 技术是创业成功和健康发展的关键因素

在创业者小珉的虚拟现实旅游项目中，虚拟现实的体验方式分为三种：一是线下的硬件、触屏方式进行虚拟现实体验；二是 PC 端、手机端等移动硬件进行体验；三是戴上虚拟现实眼镜，亲身感受、仿若身临其境。由于项目的创新性与市场需求，小珉的项目获得了极大的成功。登录武夷山三维景区专题网站，可通过网络虚拟体验游玩"武夷山景区"。项目应用到游客中心的 60 寸自动触屏机，游客可自动获取景区的导游进行虚拟世界游览，包含导览路线、历史背景、导游解说。项目参展旅游博览会，整个会场用虚拟现实形式展出的旅游产品很少，现场反响十分热烈。他们的项目展台前聚集了一群大朋友、小朋友兴趣满满地进行体验，通过显示屏 360° 欣赏武夷山的精华景区，同时还有电子导游为游客出行的吃喝玩乐进行详细介绍，并为游客介绍景区的历史文化背景。

之后他们还参加了全国大学生创新创业大赛，其成果"基于虚拟现实技术应用武夷山旅游数字化平台建设"获广泛好评，得到投资资金扶持，计划 5 年搭建覆盖全景区的虚拟现实体验平台，一期软硬件交互虚拟现实体验平台很快就在武夷山景区投入使用。

团队一开始定位于虚拟现实市场，从成立到现在以及未来，他们的目标不会改变，将武夷山的精华景区以代码的形式做成数据，充实到数据库中，为更多的人提供景区三维体验。期间有些项目短期是没有收益的，他们会同时接一些其他的小项目，如宣传视频、广告设计等，还有其他一些需要虚拟现实应用的情况，如虚拟现实数字博物馆、房地产虚拟现实展览等。这样一些项目可以保证团队不会闲下来，确保共同成立的公司能有效运营。通过企业的经营积累，来保障稳定的技术开发和研究的投入。

5. 虚拟现实创新创业技术型企业实践案例

1）家装方案体验软件

这是一家"小而美"的虚拟现实软件创业公司。试想一下，当你戴上虚拟现实头显时，便可以瞬间"穿越"到你未来的家，手持手柄，用户可以任意查看上百套家居装修方案，还可以依照自己的喜好随意挑选摆放建材、家具、家电以及装饰品，720° 无死角立体化地体验入住效果。

如今，这种情景化、可交互的家居装修新体验已经被大众所接受。借助公司研发的这套虚拟现实家装体验系统，可以让选家装变得和试衣服一样简便。

该公司是为 B 端客户提供"虚拟现实软件系统+综合服务"的整套商业化解决方案。以主打的虚拟现实家居体验系统为例，通过这套系统的销售，可以提供给家装公司、家居企业等 B 端客户一个完整的虚拟现实家装体验客户端软件。同时也提供相应的技术和内容服务，即接入公司的平台数据库（包含海量模型数据库）。这样一来，对于客户的好处便是降低了他们的软件系统开发成本。

以 Unity 3D 等虚拟现实技术平台为支撑，公司所搭建的是一个通用的虚拟现实大框架，除了可以应用于家装场景，还可以适用在其他场景，如虚拟现实展会布展和虚拟现实婚礼布展等，公司除了有 PC 端的虚拟现实软件系统外，还研发出了 iPad 售楼系统以及几款增强现实、MR 的交互系统。

公司自主研发的软件系统主要是通过网络渠道进行销售，公司客户遍布全国，粗略计算，所有软件的累计下载量已破千次。作为一个深耕虚拟现实软件的创业公司，最重要的还是要与应用行业紧密结合，开发出更多符合行业发展需求的创新型软件应用。

基于软件的创业项目层出不穷，创客都是把自己多年的热爱变成事业，在创业过程中融入自己对行业的理解。他们需要连续创业的毅力，才能够在各自的道路上，勇往直前。

2）虚拟现实智慧教育

虚拟现实全息智慧教育团队是一支年轻而富有活力的创业团队，由一群大学在读研究生和本科生组成。团队成员专业涉及教育技术学、市场营销、金融学、国际经济贸易、物理教育、计算机科学技术等多学科领域，专业基础雄厚，可塑性强，执行力度高。团队成员在创业导师的指导下：基于互联网时代信息化教育的背景，创建了国内首家虚拟现实全息智慧教育教学资源研发平台，是一个专门针对信息技术与课程资源相融合的教育科技创业团队，"虚拟现实全息智慧教育"旨在通过全新的全景式技术，体验知识的获取、超大空间、延伸和压缩时间，让学习者在"高级思维模式"下，完成对知识的加工、提取、想象、以获得左右脑同时开发，完成知识、智慧和想象力的高度融合，获得高效的学习和创造。旨在通过虚拟现实技术有效整合我们学习的课程资源，从设计、开发、管理、应用、评价等角度对教学进行全方位、立体化的融合，呈现全新的学习资源和应用具有现代化理论和技术支持的教学方式。我们从虚拟现实技术的视角整合传统的教学资源，最直接的目的就是让学生能够喜欢上我们的学习，爱上我们的课堂。用现代高科技技术力量变革我们的教学资源，深化教学环境，让学生更轻松、更快乐地学习。

同时在团队协作中，确立团队的核心领导，建设自己的团队文化，让每一个团队成员都能感受到团队带给自己的荣誉和激情，和谐相处，互相学习。把任务整分，强调执行力、标准和效率，打造一支高标准、高要求、高效率的创业团队。

4.5　虚拟现实创新创业实践方向

虚拟现实技术已经迈出了成长的第一步，未来五～十年对虚拟现实创新创业的意义重大。虚拟现实拉近了人们的距离，让地理位置不再重要，并让人们有能力体验前所未有的全新感受。那么，未来几年中虚拟现实技术的应用将有哪些改变，可以从中找到哪些创新创业的机会和方向。

1. 虚拟现实提供沉浸式学习体验

可以利用虚拟现实技术促进学习。例如：可以面对虚拟观众练习公开演讲的技巧；通过在虚拟办公室中工作，学习其他公司的运营方式；还能通过虚拟形象与老板面对面远程交流。没有了时间和空间上的限制，相信学习起来会更加得心应手。

2. 虚拟现实给房地产行业带来体验提升

谁都不愿意看图买房，更不想奔波看房。借助虚拟现实技术就可以让购房者亲自进入到虚拟样板房中自由行走，省时省力。与此同时，还能帮助房地产公司增加营业额收入，提供了更有效率和安全经营方式。

3. 为人们提供"无处不在"的体验

对于商店和消费者来说，电子商务中最大的问题就是买家秀和卖家秀的差别。现在，虚拟现实技术不仅可以让顾客随时随地体验产品，还能更好地让顾客深入了解产品。同理，预订酒店、汽车、旅行与探险也是这样。

4. 虚拟现实技术将会改变教育市场

虚拟现实技术可以让学习过程更丰富、更有趣，还能通过一些不同的方式，解决人们在现有课程中存在一定危险性实验的问题。比如：化学实验中，各个化学物品都可能产生反应，稍有不慎，就可能会发生爆炸，虚拟现实技术就能让学生在虚拟环境中进行实验，即使发生爆炸，也是"虚惊一场"。

5. 虚拟现实技术有助于提高客户忠诚度

品牌与虚拟现实是相辅相成的。对于品牌来说，最困难的部分在于让客户获得真正的感觉，而沉浸与互动式的虚拟现实体验则能让客户获得更深刻的体验。这种做法将会为品牌与客户打造全新的关系，让客户成为积极的参与者，而不是被动的旁观者。

6. 有助于提高电子商务的交易量

人们在购买衣服或者家具时都希望提前先看到效果，这就需要试衣服或者把家具放到家里面。但是这些实在是太麻烦了，试衣服还好，搬家具就不太方便了。虚拟现实技术与增强现实技术将为这一需求提供方便，可以让顾客"看到"这些东西是否合适，从而消除购买者的顾虑，从而推动了在线购物的发展，也提高了电子商务的交易量。

7. 提高产品的设计过程

通过虚拟现实技术，人们无须待在同一间屋子里就能进行用户测试，而且反馈速度越快，修改的速度就能越快，从而降低总生产成本。所以说，虚拟现实技术会提高设计产品的能力。

8. 虚拟现实技术提升娱乐体验

娱乐可以说是虚拟现实技术颠覆的第一个行业。可以想象，人们只需要坐在起居室里，就能看到精彩的篮球赛，虚拟现实会让你如同置身体育场现场。在电影和游戏方面，影响也是类似的。

9. 打破时间和空间的限制

当前人们可以利用 QQ 或微信等社交工具与朋友或者家人交流，随着虚拟现实的发展，未来地理位置也不再重要，相隔数千千米的人，都可能面对面地进行交流，感觉对方就在身边。

4.6　虚拟现实创新创业实践案例分析

虚拟现实的沉浸感的需求不只是潮流，更是用户的痛点。如何让原始的内容便捷地进入人们的视野里，是一个很好的创业机会和主题。

4.6.1　做内容可能是虚拟现实创业团队最好的选择

创业者小君和他的团队就在这方面不断探索实践，完成了虚拟现实产品"心想事成"。"心想事成"虚拟现实产品专为手机用户提供虚拟现实内容一站式体验的内容聚合服务，可以观看虚拟现实视频，下载虚拟现实游戏，实现全沉浸式操作控制和观影。

1. 虚拟现实是和梦想相关的新事物

创业者小君虽然是 70 后，但是他是一个喜欢搞创意追求新奇的人。他自己的经历也十分丰富，先是在硬件方面积累了经验，在硬件方面和移动互联网方面的经验为小君创业打下了良好的基础。从 2013 年开始，小君就开始对虚拟现实的研究和摸索，希望能通过虚拟现实把趋近于真实的体验分享给大家。

创业的准备期非常长，他不止在理论上进行论证，还一直在寻找志同道合的伙伴。小君在一次会议上结识了坐在他身旁的游戏开发者小露，两人兴趣相投，一拍即合。此后，小露作为一个独立游戏开发者，两个人经常一起讨论虚拟现实。小君说："常常是晚上十二点还在通话，她分享她的屏幕给我，我分享我的想法给他。"

秉持着"天时地利人和"的创业理念，直到 2015 年夏天，小君看到大环境的改变：一是 Unity 开发平台的应用越来越成熟，二是手机的功能越来越强，他成立了公司。团队最开始就是三位合伙人，小君笑称自己是"万金油"，小露负责编程和美术，另一位合伙人专注于产品和运营。

小君回忆说，成立公司之后，最开始也非常懵懂，当时不断地回顾一个新的产业产生时会遇到哪些状况，也纠结过做内容还是做硬件。通过过往对硬件的经验，让小君和他的团队意识到初创企业是无法承担硬件的高成本的，他们选择做内容。

小君说："创业过程中我们告诉自己列出来不做什么比做什么更重要。"他们更清楚地决定要改善用户体验，因为他们发现戴上手机虚拟现实眼镜之后，每次看东西都要摁一下再放回来，这对用户体验是一个很大的干扰，操作成本非常高。这个方向让小君意识到，这能够实现自己的创业抱负。

整个团队成员接近四十人，小君表示大家自动加班，经常加班到凌晨。大家都在努力学习和创新，这是一个新的行业，做虚拟现实就是在创造新的、不一样的东西。小君说每次面试都会问对方，你的梦想是什么？有的人是想去马德里的主场看一场球赛，有的人是想去斯坦福的图书馆坐一坐，每个人都有梦想，而虚拟现实在一定程度上就可以超越时间和空间，实现人的梦想。

2. 虚拟现实 App 要从精神上尊重用户

小君和他的团队从很早就开始关注手机虚拟现实，并且意识到内容的缺乏，尤其是精致和优选内容。他们一开始也尝试过自己去做内容，但是现在做的"心想事成"虚拟现实大厅是希望把优质内容聚合起来，提供给消费者更好的体验。

早在 1860 年，欧洲的贵妇就开始利用一种视窗眼镜去看立体图片了，小君说虚拟现实的基本原理其实人们很早就知道并且在利用了。用户能够体验美丽的东西，但是现在观看不便，心理和生理负担都很大。小君和他的团队就开始了这样一款虚拟现实内容聚合 App 的研发。

谈到研发过程，创业者小君表示研发难度来源于以下四方面：

第一是在精神上尊重用户。不能将以前手机端或是 PC 端的设计理念直接转移到虚拟现实上面。虚拟现实有很强的沉浸感并且可以让用户看到近乎通过肉眼在真实世界看到的场景。虚拟现实比互联网还要以用户为中心。虚拟现实以用户为中心不只是体验这一环，在物理上和生理上都必须以用户为中心。经常出现一些虚拟现实视频和游戏，里面的人是飘过去的，参与感很弱，主动性没能发挥出来。虚拟现实不应该只是一个简单地把视频放上去，而是要在精神上尊重用户，尊重观看的人。

第二是交互方面需要改进加强。当用户通过虚拟现实看到一个人，但是这个人并没有理睬用户时，就非常需要交互。现在虚拟现实最标准的做法就是视觉中心选择法，用户关注他的三秒就进入视野。但是小君说："这是一个最直接最方便的方法。我们一直也在致力于用什么更快的方法，其实三秒看着它进去并不代表真的要进去，或者说时间的延迟让用户觉得有点拖沓，我们也在琢磨是否有更好的方法。"

第三是技术方面需要优化提高。利用手机来观看虚拟现实，卡顿情况比较严重。这是技术上非常大的难题，需要优化，不晕眩，从而产生更好的用户体验。不好的体验，经过优化变得非常顺畅，这是非常重要也需要坚持去做的一件事情。

第四是内容方面需要精选设计。"心想事成"虚拟现实产品专注于从海量虚拟现实内容里挑选精选内容。小君表示："内容设计很重要的是我们要清楚地了解大环境和生态能做什么，不能做什么。"做内容一定要找到一个度，让用户戴上眼镜观看时不晕眩。考虑到手机屏幕的显示能力以及硬件的发展水平，做一个好的内容要把整个生态考虑进去。整个团队都在内容方面不断深挖、试错、去尝试。

"心想事成"虚拟现实产品已经于各大应用商店正式上线后，平台的游戏和视频总量接近上千个，刚刚起步用户量为十万级。"心想事成"虚拟现实产品对手机全兼容，因此覆盖人群会更广。小君强调，内容来源主要是国外，来自国内的内容也在渐渐增多。内容的编辑尤其重要，选择内容的标准一为体验，也就是晕眩感；标准二为内容有趣程度。内容是核心的价值体现，戴着这么重的眼镜需要有一个好的内容，才能够培养用户兴趣。

小君表示他们在不断打磨自己的产品，希望靠口碑能够把平台越做越大。从营利模式方面来考虑，小君也谈到了这方面和互联网的模式类似：第一是广告，虚拟现实作为一个无屏概念，广告机会会更多；第二是增值服务，当用户积累一定数量时，用户就更愿意买单；第三是电子商务，在虚拟世界里可以交互产品，信息量丰富，能够享受到物品的功用。

3. 虚拟现实应用还是一个襁褓中的婴儿

创业者小君有多年互联网经验，但是他仍然表示要对整个市场和生态要敬畏。真正做虚拟现实是没有专家，没有权威，没有标准的，都是靠用户的体验和反馈来做，一切都还处在摸索阶段。

虚拟现实是一个襁褓中的婴儿，刚刚开始遇到很多的困难和挑战。在研发过程中最大的困难，就是当前大量的手机没有陀螺仪，这样就没有办法实现交互。小君表示之后会不断在技术上进行优化，在美术交互上改进，花大量时间做内容的编辑和筛选。专注于产品，让用户体验来说明一切。

做虚拟现实产品除了要有以往的互联网思维，更要用全新的思路去思考虚拟现实的设计。因为之前看到的平面手机电影和视频，从自然的状态翻过来变成有摄影、有长焦、有蒙太奇，有所谓的黄金分割这些方法去做视觉上的冲击，修饰了画面。但是当回到虚拟现实时，虚拟现实的沉浸感画面反而返璞归真了。

谈到对虚拟现实未来发展的看法，小君斩钉截铁地说，虚拟现实基于移动端，今后会无处不在。这是和手机一样的东西。增强现实是以周遭的环境作为基础，虚拟现实是在虚拟的环境中做添加，从用户的角度考虑，他们可能跟现实环境做交互，也可能需要穿越到另一个空间去做一些事。从信息的角度来讲，增强现实是对信息的扩散，实现实时交流，尤其是在教育和培训方面会有很多的帮助，虚拟现实则是让用户穿越时间和空间，提供不同的信息量。当然这二者不是互斥的，而是相融的。

小君的创业团队是基于对虚拟现实的兴趣而存在的。这样一群因为兴趣而聚在一起创业的人，为创业付出了很多。小君一直强调创业要做减法，诱惑很多，但是要专注于一个方向。不要为创业而创业，一定要找到自己的兴趣，才会有源源不断的活水源头。创业的过程是辛苦的，并且不被重视的。创业的过程一定要清楚地认识到能做什么，不能做什么。

中国的环境对创业者的要求更多，除了创业本身核心业务之外，还需要具备很多其他能力：洽谈业务的能力、谈判的能力、处理社会问题的能力等。最后小君表示创业需要找到一群志同道合的人。有了靠谱的团队才能做出靠谱的事情。小君感慨道，创业就是这么一件"穷着累着痛苦着还是笑着睡着"的事情。

4.6.2　虚拟现实技术在城市设计中的应用

数字城市仿真平台（VRP-Digicity）、三维网络平台（VRPIE）、三维仿真系统开发包（VRP-SDK）等，能满足不同数字城市规划管理领域，以及不同层次客户对数字仿真的需求。三维仿真规划及辅助决策系统是数字城市规划、建设、管理与服务数字化工程的重要组成部分，它综合运用 GIS、遥感、网络、多媒体及虚拟现实仿真等高科技技术，为城市数字化提供三维可视化管理和规划辅助决策支持功能。具体实现内容有以下几方面。

1. 城市数字化提供三维可视化管理和规划辅助决策支持功能

从三维可视化看，虚拟现实为数字城市规划管理提供可视化的方法。系统通过显示不同建筑方案与周边建筑群体的相互关系，真实再现规划建筑和现状建筑的空间关系，并能适时修改高度、方向、体量、色彩等，使得规划评审专家和决策者可以从多个观察角度直观地对比多个规划设计方案，帮助规划决策者更加清楚直观地确认合理方案，从而提高规划管理水平，减少决策失误和盲目性，提高规划评审质量和提升评审决策的科学性，使规划管理更合理、更科学、更透明。

从管理功能看，虚拟现实技术在规划不断完善过程中，不断与数字城市规划同步，使新的数字城市规划内容能够及时地反应在格式化的环境中，从而加强规划数字城市规划的管理工作，强调规划及周边的协调。系统可为数字城市城区规划提供可量化的管理。城区仿真是融空间信息和属性信息为一体的三维可视化仿真环境，并能对已有数据进行分析，对城区规划进行可量化的管理。

从系统扩展看，虚拟现实技术应该成为城市管理中多部门的一个高效、直观和可靠的平台，与真实城市布局环境保持高度一致，具有足够的软硬件接口和功能扩展模块，逐步应用于城市交通管理、公共安全服务和灾害预防等领域。

虚拟现实平台软件可以结合"数字城市"的需求特点，针对数字城市规划与数字城市管理工作研发三维数字城市仿真平台软件，提供用于建筑设计、城市规划、城市管理等领域的高效、直观、准确的整套三维辅助工具。主要功能可以包括：场景制作，建立场景物体和各项规划指标数据之间的联系，从而实现城市规划数据和三维空间形象的一致性；对项目、方案、图层和规划元素进行集中管理和展示；支持静态加载和动态调度两种方式来管理大场景的存储，并采用了局部更新、本地缓存、自动材质优化分类等多项优化技术来提高场景运行效率；提供 2D 导航路径功能、分类显示、测量工具及坐标捕捉、日照分析、规划信息查找定位和地域名搜索定位等功能。

2. 虚拟现实在地理中的应用

应用虚拟现实技术，将三维地面模型、正射影像和城市街道、建筑物及市政设施的三维立体模型融合在一起，再现城市建筑及街区景观，用户在显示屏上可以很直观地看到生动逼真的城市街道景观，可以进行诸如查询、量测、漫游、飞行浏览等一系列操作，满足数字城市技术由二维 GIS 向三维虚拟现实的可视化发展需要，为城建规划、社区服务、物业管理、消防安全、旅游交通等提供可视化空间地理信息服务。电子地图技术是集地理信息系统技术、数字制图技术、多媒体技术和虚拟现实技术等多项现代技术为一体的综合技术。电子地图是一种以可视化的数字地图为背景，用文本、照片、图表、声音、动画、视频等多媒体为表现手段展示城市、企业、旅游景点等区域综合面貌的现代信息产品，它可以存储于计算机外存，以只读光盘、网络等形式传播，以台式计算机或触摸屏计算机等形式供大众使用。

3. 虚拟现实在室内设计中的应用

虚拟现实不仅仅是一个演示媒体，而且还是一个设计工具。它以视觉形式反映了设计者的思想，比如装修房屋之前，你首先要做的事是对房屋的结构、外形做细致的构思，为了使之定量化，你还需设计许多图纸，当然这些图纸只有内行人能读懂，虚拟现实可以把这种构思变成看得见的虚拟物体和环境，使以往只能借助传统的设计模式提升到数字化的即看即所得的完美境界，大大提高了设计和规划的质量与效率。运用虚拟现实技术，设计者可以完全按照自己的构思去构建装饰"虚拟"的房间，并可以任意变换自己在房间中的位置，去观察设计的效果，直到满意为止。这样既节约了时间，又节省了做模型的费用。

4. 虚拟现实在岩土工程中的应用

岩土工程一般处于地下，往往难以直接观察，而计算机仿真则可展现其内部过程，具有很大的实用价值。例如，地下工程开挖经常会出现塌方、冒顶。根据地质勘察，可以知道断层、裂隙和节理的走向密度，通过小型试验，可以确定岩体本身的力学性能及岩体夹层界面的力学特性、强度条件，并存入计算机中。在数值模型中，除了有限元方法外，还可采用分离单元的方法。分离单元在平衡状态下的性能与有限元相仿，而当它失去平衡时，则在外力和重力作用下产生运动，直到获得新的平衡为止。分析地下工程的围岩结构、边坡稳定等问题时，可以把节理断层划分为许多离散单元。这一过程可以在显示器和大型屏幕上显示出来，最终可以看到塌方的区域及范围，这就为支护设计提供了可靠的依据。

4.6.3 国内外虚拟现实创业者的不同之处

自从 2014 年 Facebook 以 20 亿美元收购虚拟现实翘楚 Oculus，公开表示进军虚拟现实领域后，全球创业者和投资人都把目光聚焦在了虚拟现实技术上。除一些巨头的抢滩布局，以及一些手机厂商的入市跟风之外，国内外创业热潮也是此起彼伏。

大批虚拟现实创业者的涌入，给还未发展成熟的虚拟现实领域，注入了新鲜的血液。据不完全统计，国内有超过 150 家的虚拟现实设备开发公司，其中创业型公司占一大半，但是较于国外创业者的高调，国内创业者就稍显处事不惊，同是创业，两者之间，又有哪些不同之处呢？

从软硬件技术、创业环境、人才资源等多方面来进行分析比较，将双方的主要不同归纳为以下几点：国内外整体创业环境存在差异，团队创新以及执行能力的出入，立足的市场、视野角度的不同。

有人说，在中国做虚拟现实的环境会比美国好，中国创业者做虚拟现实的机会主要在解决技术上的某一个节点，以及提供虚拟现实应用平台、降低虚拟现实内容制作门槛上。

国外的一些创业人员更多的是出于对科技的痴迷，以至于从企业中跳脱出来。

在美国，像谷歌、Facebook 等国际巨头除了自己是技术方之外，还是一个内容播放平台，倘若他们不惜一切代价投入到虚拟现实领域，其创业型公司在美国生存将会更加不易。因为现在巨头们还只是小试牛刀，并没有大范围的布局。并且在一些硅谷的从业人士看来，一旦这些巨头相关技术已经准备好，其给创业型公司留下的空间、利益水平会很小。

而之于这一点，对国内来说，就略有不同，首先在国情上就存在出入，虽然国内企业争相布局虚拟现实领域，但是在技术和内容平台上并没有像美国那样完美的重合，反而有各自为战的感觉。从这一点来说，留给国内创业者的空间就宽裕许多。

国内部分创业团体，从创立之初，就是奔着全球市场去的，比方说诺亦腾，不仅具有国际竞争力，还具备有世界级研发能力，其开发的"基于 MEMS 惯性传感器的动作捕捉技术"已经成功应用于动画与游戏制作、体育训练、医疗诊断、虚拟现实以及机器人等领域，并得到全球业内的高度认可。诺亦腾的成功，除了其自身具备全球化的视野外，更有技术来做支撑，作为一个面向海外获得成功的典型。

总结起来说，关于创业，国内外创业者有差异是正常的，因为双方的市场特性本身就存在区别。虽然说有人指出未来的创业两者会趋于相同，但是有很多的观点和实例都证明，适合国外的不一定适合国内，中国的虚拟现实创业者在与国外虚拟现实创业者交流学习时，应秉着取其精华去其糟粕的理念，结合中国特色的市场环境来改善产品才是关键，一味地跟从和模仿只会更加落后于人，渐而被市场淘汰。

4.6.4 虚拟现实教育创新

当互联网在人们生活中掀起一个又一个骇浪时，虚拟现实正悄然从幕后走向台前。今天虚拟现实正演绎着当年互联网对人类生活，从无足轻重到全面颠覆的革命性过程。科技以虚拟现实给人类生活再创造出一次惊喜已为期不远。虚拟现实技术对教育产生不可估量的作用，主要表现在以下方面。

1. 虚拟现实技术创建全新的教育环境

人们普遍认为，虚拟现实技术将使 21 世纪的教育发生质的变化。虚假现实技术支持下的教育之所以会发生质的变化，是因为虚拟教育环境拥有现实教育培训环境无可比拟的优势。所谓虚拟教育环境可以是某一现实世界的基础或设施的真实实现，也可以是虚拟构想的世界。在 21 世纪，可能兴办起依托虚拟现实技术的各种新型的学校教育，如基础教育、军事教育、各类培训教育，许多学员在虚拟环境中接受各种教育体验与训练。由虚拟现实技术所支撑的教育系统将使得人员可以在虚拟环境中方便地取得感性知识和实际经验。与现实教育基地或设施相比，在虚拟现实技术支持下的虚拟教育环境大致有以下特征和优势。

1）仿真性

学生通过虚拟设施训练，与在现实教学基地里同样方便。这是因为虚拟环境无论对现实的环境或是想象的环境，都是虚拟的但又是逼真的。理想的虚拟环境应该达到使受训者难以分辨真假的程度（如可视场景应随着视点的变化而变化），甚至比真的还"真"（如实现比现实更逼真的照明和音响效果）。

2）开放性

虚拟教育环境有可能给任何受训者在任何地点、任何时间里广泛地提供各种培训的场所。事实上，虚拟教育环境的内涵是广泛的，它不同于传统的教育环境，它具备可以进行类似于传统教育项目的环境，但它更擅长那种使学员置身于项目对象之中的逼真环境。凡是受训者可以通过有关器具操作来学习或掌握某种知识与技能的虚拟环境，都可以归之于虚拟教育环境。

3）超时空性

虚拟教育环境具有超时空的特点，它能够将过去世界、现在世界、未来世界、微观世界、宏观世界、客观世界、主观世界、幻想世界等拥有的物体和发生的事件单独呈现或进行有机组合，并可随时随地提供给受教育者。比如，学生需要身临超越现实时空的环境（如历史事件、探索太空等），那么虚拟教育环境就可以提供历史环境及虚拟太空。

4）可操作性

学生可通过设备用人类的自然技能实现对虚拟环境（无论模拟的是真实环境还是想象环境）的物体或事件进行操作，就像在现实环境里一样。可操作性是虚拟教育环境实际运用的必备特性，它使学生得以在其学习中获得实际需要的知识与技能课程，也使远程教育真正实现。

5）对应性

教育内容与虚拟环境是密切对应的。例如，学生要学习化学实验操作，那么虚拟环境就是化学实验室的模拟环境。另外，虚拟现实技术能按每个学生的基础和能力，对应性地开展个别化的教育。

2. 虚拟教育培训的广泛性

未来社会是一个学习化的社会，为了求得自身知识结构和能力体系的完善与发展，达到学会生存并进而实现自我价值的目的，接受终身教育是人们的当然选择。而在终身化教育体系中，自然包括了各种各样的教育项目。由于用虚拟环境代替现实环境，学习和实练效果更好；而且利用虚拟环境进行训练，也使一些在真实环境下难以实现的项目成为可能，因而虚拟现实技术会给未来教育带来根本性的改革。在虚拟现实技术支持下的教育方式将发挥强大的优势，大显身手地运用于各方面的教育项目中去。

3．虚拟教育的优越性

作为教育技术和工具的虚拟现实技术的优势，给教育体系带来了与众不同的、全新的教育特点。它不仅仅为教育场所或设施的设计人员和教育业务的指导人员提供了实践其教育价值的途径和方式，而且从受教育者的角度来说，它在解决学习和实训的困难，提高学员汲取知识和掌握技能的效率，从而改善教育的效果等方面，也呈现了相当有利的特征。这些特征可大致概括如下：

1）临场性

临场性指学生可以感到自己处于虚拟环境中体验，产生一种逼真的存在感，学员觉得自己真的存在于某个环境中，是该环境的一部分，而不是它的旁观者。学生可自由地在这个环境中与有关的虚拟物体或事件相互作用，如同在现实世界中一样。临场性的意义，在于使学生将远程、虚拟认知或感觉体验成为如身临其境到达了现场与真实环境中一样。此外，由于这种临场性一方面是使学生进入虚拟环境，另一方面是运用交互设备把学生的视觉、听觉和其他感觉封闭起来，使他暂时与真实环境隔离，因此不会受到虚拟环境外的现实环境的干扰，易于集中学员的注意力，使他全身心投入到训练中。

2）自主性

学生能自主地选择或组合虚拟场地或设施。这样，学生能在任何时间、任何地点选择学习内容、学习设施、学习信息资料以及取得学习结果的评估，并具有完全的自由度。此外，对于学习后没掌握的知识与技能过程或片断，学生可以自己多次重复。这样，学生始终处于教育中的主导地位，真正掌握学习的主动权，大大增强了学习效果，减少了学习时间。

3）多感受性

学生在虚拟环境中接受教育时具有多种感知能力，如视觉、听觉、力觉、触觉、运动觉、味觉等。理想的虚拟环境应当可以让学生具有在现实世界中的一切感知能力。多感受性使学员得以运用自己所有感知能力，在一个极其生动活泼的环境里进行实时的、全方位的学习。

4）功能替代性

在虚拟现实技术帮助下，人们在虚拟环境中还可以用一种感知能力代替另一种感知能力来进行操纵环境、汲取信息或交流。这样，残障人士能通过自己的形体动作与他人进行交谈（如残障人士戴上数据手套后，就能将自己的手势翻译成说话的声音），或通过声音来操作器械等。这种感知功能替代性使残障人士可以体验过去自己无法做的项目。

5）交互性

学生可以采用多种交互手段如语言、手势、数据手套及触觉等，与虚拟环境交流信息，并得到实时反馈。这种特性使学员与物体、学员与事件、学员与其他人（如指导人员、别的学员等）之间的双向实时反馈，在远程状态下成为可能，并犹如近距离或面对面交流一样。

6）安全性

部分场景在虚拟环境中学习远比在现实环境里安全，如具危险性的化学实验，军事学生可以重演战争，消防队员可以演习灭火和抢险救灾。每个人都可以在这种虚拟环境中试验各种方案，即使闯下"大祸"，也不会引起任何"恶果"。安全性不仅是对于学生而言的，也包括周围环境中的事物，这一点对于技能性学习特别重要也特别有意义。

4.6.5　基于虚拟现实的应急响应演练

虚拟应急演练就是通过虚拟现实技术提供一个虚拟的应急演练场景，在这个环境里，参演者可以沉浸其中，体验数字世界里的事物和环境，感受突发事件的发生、发展过程，并通过计算机、虚拟现实交互设备等进行应对处置，从而完成演练。虚拟应急演练的真实感、可视性、易扩展可以使模拟演练有更好的效果，成为实训的有效补充。

1. 应急演练重要性尤为突出

虚拟现实可以灵活快速地构建演练环境、场景，便利组织相关人员协同演练，可以反复（无限）进行演练，进而提炼出有效预案指导实战演练，可以模拟难以复现的（无限）场景（如地震、大爆炸等），提高人员对场景环境的适应性，以相对较低的成本获得较好的演练体验和效果。在应急管理工作中，为帮助应急相关人员熟悉应急指挥流程，掌握各种突发事件的处置方法，可以通过实战演练、模拟演练、桌面推演等多种方法形式开展应急演练。

应急突发事件有一些共通点，如事故灾难的发生频率低，但可能造成重大损失，那么这时就能体现应急演练的重要性，可以提高参演人员的学习速度、降低学习成本；事故发生时间和危害难预测，需要提高参演人员综合应急处置能力，发现应急预案中的问题。另外，应对处置需多部门协作，通过应急演练要发现应急预案中的问题，提高参演人员综合应急处置能力，特别需要在应急演练中改善各应急机构、人员之间的协调，同时对社会的广泛教育示范作用。

2. 虚拟现实演练和推演优势

随着应急指挥组织规模不断扩大，应急指挥流程越来越复杂，纯粹由人员编排演练的应急演练方式在组织难度和管理成本上越来越高。一些计算机辅助模拟演练系统也存在参与人员受限、演练真实度不足、系统操作体验不佳、只能针对单一应急案例难以扩展等问题。我们应该聚焦虚拟现实演练和推演的优势。

1）仿真性

虚拟演练环境是以现实演练环境为基础进行搭建的，操作规则同样立足于现实中实际的操作规范，理想的虚拟环境甚至可以达到使受训者难辨真假的程度。

2）开放性

虚拟演练打破了演练空间上的限制，受训者可以在任意地理环境中进行集中演练，身处何地的人员，只要通过相关网络通信设备即可进入相同的虚拟演练场所进行实时的集中化演练。

3）针对性

与现实中的真实演练相比，虚拟演练的一大优势就是可以方便地模拟任何培训科目，借助虚拟现实技术，受训者可以将自身置于各种复杂、突发环境中，从而进行针对性训练，提高自身的应变能力与相关处理技能。

4）自主性

借助自身的虚拟演练系统，各单位可以根据自身实际需求在任何时间、任何地点组织相关培训指导，受训者等相关人员进行演练，并快速取得演练结果，进行演练评估和改进。受训人员亦可以自发地进行多次重复演练，使受训人员始终处于培训的主导地位，掌握受训主动权，大大增加演练时间和演练效果。

5）安全性

虚拟现实作为应急培训中重中之重的安全性，虚拟的演练环境远比现实中安全，培训与受训人员可以大胆地在虚拟环境中尝试各种演练方案，即使闯下"大祸"，也不会造成"恶果"，而是将这一切放入演练评定中去，作为最后演练考核的参考。这样，在确保受训人员人身安全万无一失的情况下，受训人员可以卸去事故隐患的包袱，尽可能极端地进行演练，从而大幅提高自身的技能水平，确保在今后实际操作中的人身与事故安全。

3. 应急响应中带肢体动作交互的虚拟现实应用和推广

虚拟现实可以应用于应急响应的各种培训和实战教学中：构建虚拟灾难现场、应急响应实战训练（单兵训练和网络化协作训练）、虚拟仿真实验、战术协作训练、心理训练、指挥决策训练、救援装备实训实验、公共安全保障演练等方面。具体的应用内容包括常规情况下救援装备使用和压力条件下救援装备操作训练、解救人质谈判、危险品检测鉴定、网络攻防演练、灾难现场模拟勘查、爆炸物等特殊物品勘察、险情观测和处置、突发群体性事件处置、交通管制和疏导、救灾避险、社区安防网格化管理、险情综合研判等。利用混合现实技术，还可以实现超现实的模拟训练（时间、速度、力量等参数上比正常情况的要求更高），强化受训对象的素质。另外把虚拟现实和实战演练、突发事件处置、心理训练等方面合理整合，让受训者的反应能力、承受能力、适应能力都得到锻炼。以下选择有代表性的应急救援特种装备训练应用案例展开具体分析。

4. 虚拟现实技术应用于爆炸物管理和应用的训练和演练

在很多险情和灾难救援中需要用到爆炸物进行排除障碍或者疏通道路，这时候爆炸物等特殊物品和装备就经常出现在应急响应和灾难救援工作中。由于我国对爆炸物等危险物品的管理非常严格，加上爆炸物的操作和管理具有危险性，使得爆炸物的使用、管理和训练略显神秘。经常听说"神枪手都是子弹喂出来的"，这句话虽然不完全对，但是也充分说明了实物操作的重要性。如果把虚拟现实引入到爆炸物使用训练中，可以降低训练成本和对场地的要求，减少炸药、雷管等危险物品消耗量和使用频率，相对地就可以增加实训课时和延长实践训练时间，减少意外事故和伤亡，而且在没有相应配套的场地和保护装置的艰苦条件下也可以开展教学训练。这其中的关键是要借助增强虚拟现实等技术，使得虚拟爆炸物使用训练和真实训练的每个环节、细节完全一致，其中小到不同型号爆炸物及设备的尺寸、质量、质感、爆炸冲力，大到训练强度、错误操作导致意外事故的模拟等都要考虑周到，仿真到位，才能真正达到替代真实训练的效果。

　　虚拟现实应用于爆炸物使用训练只是牛刀小试，应用于压力条件下实战爆炸物使用训练则是更好地体现了虚拟现实的价值。压力条件下实战爆炸物的使用不仅仅要求公安民警练就一身过硬的常规爆炸物使用本领，还要有过硬的心理素质和丰富的临战经验。其虚拟训练环境和案情背景更为复杂，而且要具有动态性、不确定性和随机性。运用虚拟现实技术结合系统的训练体系可以模拟各种实战训练方案，如车辆行进中爆炸物使用、险情紧迫状态、救援过程中爆炸物使用、恶劣天气和复杂环境下爆炸物使用，这需要利用虚拟现实技术沉浸感强的特点结合具体险情和环境背景的模拟营造出不同的心理压力状况。可以说压力条件下实战爆炸物使用是对技能、体力、脑力、心理素质、临战经验等多方位的考验，这也给虚拟现实带来巨大的发挥空间。

第 5 章

虚拟现实创新创业大赛及企业孵化

5.1 首届中国虚拟现实创新创业大赛介绍

首届中国虚拟现实创新创业大赛全国总决赛于 2018 年 3 月 23 日圆满落幕。在中国创新创业大赛组委会办公室的指导下，由中国电子信息产业发展研究院、虚拟现实产业联盟、南昌市红谷滩新区、国科创新创业投资有限公司主办的首届中国虚拟现实创新创业大赛全国总决赛颁奖仪式暨 2018 年中国（南昌）虚拟现实产融对接会在南昌举行。

虚拟现实产业联盟理事长、中国工程院院士赵沁平，科技部火炬中心基金受理处处长安磊，南昌市副市长杨文斌等出席颁奖仪式并致辞。长江学者、北京理工大学教授王涌天，北京大学教授、北京市虚拟仿真与可视化工程技术研究中心主任汪国平等作了主题演讲。在会上，南昌市红谷滩新区管委会副主任陈惠玲作了中国南昌虚拟现实产业基地情况介绍，还举行了中国南昌虚拟现实产业基地项目集中签约仪式。

据主办方介绍，首届中国虚拟现实创新创业大赛共收到 548 家企业和团队注册报名，64 家企业和团队入围全国总决赛，最终决出一二三等奖。其中，北京众绘虚拟现实技术研究院有限公司获得一等奖，北京耐德佳显示技术有限公司、北京触幻科技有限公司、深圳增强现实技术有限公司获得二等奖，小派科技（上海）有限责任公司、福建省名道科技有限公司、北京枭龙科技有限公司、北京德火新媒体技术有限公司、深圳市瑞立视多媒体科技有限公司、福建水立方三维数字科技有限公司、河北中科恒运软件科技股份有限公司、昆明微想智森科技股份有限公司获得三等奖。

大赛合同签约金额近 5 000 万元。经历资本"虚火"之后，我国虚拟现实产业正逐步走向理性，投资方向更加明确，资本逐步汇聚于具有研发能力、掌握核心技术、运营前景良好的企业。2017 年全球虚拟现实和增强现实投资资金创下 30 亿美元的新纪录，较 2016 年的 23 亿美元，投资总额增长了 30%。

当前，我国大约有 1 500 家虚拟现实、增强现实创业公司，它们创新创业热情高涨，部分技术和设计理念已走在世界前列，在交互技术、光场技术、行业应用等方面已经取得重大突破。但创业公司普遍在人才引进、资本积累、管理能力存在困难和不足，需要投资机构的支持和政府优惠政策的扶植。

大赛正是瞄准虚拟现实领域中小企业缺乏展示平台与创业扶持政策的痛点，广泛聚集政策、技术、金融、市场等创新创业资源，旨在搭建虚拟现实产业共享平台，建立健全虚拟现实标准体系，支持虚拟现实领域中小企业和团队的创新发展。

据主办方介绍，在北京、上海、福州、南昌等四个区域复赛过程中，一批优秀企业和团队获得不少投资人和地方虚拟现实产业基地的青睐。自大赛举办以来，通过投资人与参赛企业和团队的深度洽谈对接，已经达成合同签约金额近 5 000 万元，有力地支持了我国虚拟现实创新创业。

投资人偏爱有技术沉淀和行业积累的企业。在消费级市场还未大规模启动的情况下，投资人更偏爱那些有一定技术沉淀和行业积累的企业和团队，在全国总决赛中超过四成参赛企业和团队是行业应用解决方案提供商，因为这些优秀创业企业和团队在企业级市场的商业模式更易建立且更具竞争优势。

工业、教育、军事、房地产最有可能成为引领企业级市场的应用，尤其是工业应用，将迎来快速增长，成为增长速度最快的应用领域。

另外，内容、硬件企业和团队数量占比也接近四成，说明投资人对消费级市场充满着期待，因为一旦消费级市场启动，最先受益的将是硬件和内容厂商。消费级市场拥有更大的体量，投资人对虚拟现实在消费级市场的前景充满着期待。

据高盛公司预测，2025 年全球虚拟现实软件应用规模将达到 450 亿美元，中国有望成为全球虚拟现实市场增长的主要驱动力。随着虚拟现实、增强现实技术不断改善，虚拟现实、增强现实终端日益普及，虚拟现实、增强现实产业生态将逐渐建立。届时，这些优秀的内容、硬件企业和团队有可能在消费级市场中率先掘金。

虚拟现实、增强现实领域有望诞生一批独角兽企业。虚拟现实行业经过了概念炒作阶段，进入洗牌、升级阶段，创新创业企业更加务实，不断推进产业落地，在某些关键技术上和重点行业应用细分领域有望涌现出一批独角兽企业。

从全国总决赛参赛企业和团队来看，它们不仅有技术的沉淀，而且具有行业应用的积累，在企业级市场能够建立一定壁垒。参加中国虚拟现实创新创业大赛的企业和团队来自全国各地，涉及领域非常广泛，包括游戏、医疗、家装、教育、动漫等，但最终脱颖而出的都拥有关键技术或者长期的行业应用市场开拓经历。

例如，在广电领域，北京德火新媒体技术有限公司经过 10 余年发展，已成为国内最优秀的广电领域演播室整体解决方案提供商。在交互领域，深圳瑞立视多媒体科技有限公司自主研发的光学动作捕捉系统设备技术参数已达到最低延迟 2.9 ms 以下、亚毫米级误差的国际顶尖水平。在增强现实眼镜方面，耐德佳研发的 NED+Glass X2 是一款国际先进的超大视场角、全高清的双目增强现实眼镜，广泛适用于教育、安防、工业应用和视频眼镜等行业及场景。

又如，在海事领域，福建省名道科技有限公司 10 年前就开始涉足海事领域，拥有 7～8 年的行业沉淀，深知船舶领域的痛点，牵头成立了"智慧海工与船舶专委会"。在医疗领域，北京众绘虚拟现实技术研究院有限公司的多功能虚拟现实口腔手术模拟器已经达到国际先进水平。在工业领域，深圳增强现实技术有限公司拥有 80 多项专利，推动了"增强现实+"工业的应用。

此外，从参赛企业和团队所属区域来看，受各地经济条件和发展水平的影响，虚拟现实领域的创新创业氛围地区差异十分巨大，北京、上海、深圳、广州等处于第一梯队，福建、山东、成都、重庆、江西等处于第二梯队。在入围全国总决赛 64 家企业或者团队中，来自北上广深的企业和团队占比将近六成，其中来自北京的有 21 家，占 32.8%。此外，来自福建和江西的参赛企业和团队数量比重也近 20%，两地已经成为我国虚拟现实创新创业不可忽视的地区。

5.2 第二届中国虚拟现实创新创业大赛

1. 大赛介绍

根据《国务院关于大力推进大众创业万众创新若干政策措施的意见》（国发〔2015〕32 号）和《国务院关于加快构建大众创业万众创新支撑平台的指导意见》（国发〔2015〕53 号）的要求，2018 年科技部、财政部、教育部、国家网信办和全国工商联共同举办第七届中国创新创业大赛。中共中央、国务院印发了《国家创新驱动发展战略纲要》，明确提出发展新一代信息网络技术，加强虚拟现实技术研究和产业发展，增强经济社会发展的信息化基础，推动产业技术体系创新，创造发展新优势。中共中央办公厅、国务院办公厅印发的《关于促进移动互联网健康有序发展的意见》，也明确要求加紧人工智能、虚拟现实、增强现实、微机电系统等新兴移动互联网关键技术布局，尽快实现部分前沿技术、颠覆性技术在全球率先取得突破。

虚拟现实技术作为引领全球新一轮产业变革的重要力量，跨界融合了多个领域的技术，是下一代通用性技术平台和下一代互联网入口。我国虚拟现实市场规模快速扩大，产业创新高速发展。据工信部统计，2017 年我国虚拟现实产业市场规模已达 160 亿元，同比增长 164%。

在中国创新创业大赛组委会办公室指导下，在成功举办"首届中国虚拟现实创新创业大赛"基础上，虚拟现实产业联盟、国科创新创业投资有限公司共同举办第二届中国虚拟现实创新创业大赛。

大赛秉承"政府引导、公益支持、市场机制"的模式，旨在搭建虚拟现实产业共享平台，建立健全虚拟现实标准体系，凝聚社会资本力量支持虚拟现实领域中小企业和团队创新创业。大赛设立虚拟现实产业投资基金，积极推动虚拟现实技术在文化、娱乐、科研、教育、培训、医疗、航天等领域应用，长期支持我国虚拟现实产业健康有序发展。

2. 第二届中国虚拟现实创新创业大赛情况总结

2019 年 3 月 29 日，第二届中国虚拟现实创新创业大赛"业达杯"全国总决赛完成决赛赛事。经过激烈角逐，奥本未来摘得大赛一等奖，深圳岚锋创视、北京亮亮视野获二等奖，上海影创信息科技、凌宇科技、北京蚁视科技获三等奖，北京灵犀微光、苏州美房云客、映尚科技、深圳多哚新技术、无锡威莱斯、深圳思萌科技获优胜奖。

自 2018 年 8 月 20 日启动以来，大赛吸引了 455 家企业和团队注册报名，其中 217 家企业入围南昌、无锡、北京、深圳区域赛，64 家企业晋级全国总决赛。

大赛参赛企业和团队来自虚拟现实底层技术、硬件终端、软件应用等各个环节，虚拟现实全产业链创新能力有所提升。参赛项目涉及光波导、建模成像、追踪定向、触觉反馈等底层技术，虚拟现实/增强现实眼镜、3D 终端、追踪设备、外设等硬件产品，虚拟现实编辑器、增强现实在线制作平台、Avatar 交互系统等软件系统，实现了虚拟现实与人工智能、5G、物联网、云计算等新兴技术的融合发展，多家参赛企业拥有数十项甚至上百项专利。在行业应用方面，参赛项目覆盖领域较首届大赛有所扩展，涉及健康医疗、工业制造、石油化工、地产建筑、教育培训、文化旅游、广告零售、警务安防、城市管理、游戏娱乐、影视传媒等十几个行业，各行各业与虚拟现实技术深度融合，"虚拟现实+"战略初现成效。

一等奖得主"奥本未来"是一家通过"光场复现"技术为实际物体生成三维模型，并分发到虚拟现实/增强现实眼镜、手机、PC 等终端的企业。基于对所有方向的光信息进行采集还原，多角度拍摄，以及重建、渲染算法，可最大程度还原物体原本材质的真实色彩、纹理和光泽，生成集聚真实感的三维内容。

"未来，智能终端计算能力的提升，以及 5G 商用对传输速率的提升，会大大降低光场文件的使用门槛，让终端更容易获取、使用光场信息。目前虚拟现实、增强现实的体验还存在各种限制，但任何技术都有循序渐进的过程，无论在巅峰还是低谷，都有企业持续推动技术的进步，也正是这种进步将虚拟现实、增强现实的体验带到了一个新高点，我仍然看好虚拟现实、增强现实的应用前景。"奥本未来 CEO 雷宇接受采访时说道。

随着硬件、传输、渲染、内容制作技术日益成熟，资本对企业竞争力的量化标准也更加多元。一方面看重技术、创意等构筑企业竞争壁垒的核心能力；另一方面关注参赛项目的商业化落地和市场竞争能力。本届大赛的多个入围参赛企业已经具备百万元级别盈利能力，部分企业营收达到千万元级别。重点行业解决方案也更加聚焦细分领域，强调差异化竞争和大众化普及。

大赛总决赛评委、国新创新投资管理（北京）有限公司总经理柳艳舟强调说，虚拟现实是一个综合性很高的行业，涉及光学、脑科学等关键技术，与人工智能等新兴技术的融合，以及对 B 端生产方式和 C 端消费者生活方式的变革。从本届比赛的参选项目来看，虚拟现实整体水平进步很快，应用前景可观。

"大赛对行业发展有两个层次的意义：一是加速社会各界对虚拟现实、增强现实的认知过程；二是为初创企业提供推广技术、产品、解决方案的渠道，加强他们与用户、投资者、地方政府的联系，为这些企业的市场拓展打下良好基础。"柳艳舟说。

本届大赛还引入了大小企业对接机制，联合百度、阿里巴巴、华为等企业，举行若干场项目对接沙龙。北京大学首钢医院、北京易华录信息技术股份、中国平安保险北京分公司等企业现场发布项目需求，部分参赛企业已经与项目发布方成功签约，达到了"大企业带小企业""比赛带项目"的预期效果。

直接或者间接受益于首届中国虚拟现实创新创业大赛的优秀企业、团队共获得近 1.2 亿元的投资。本届大赛涌现的优秀企业和团队也将有机会被推荐给国家创新创业投资基金。大赛合作单位会为优胜企业提供融资担保及融资租赁服务。获奖企业和团队还将优先入驻当地虚拟现实产业基地，享受地方行业部门、创业服务机构给予的配套优惠政策。

据悉，第二届中国虚拟现实创新创业大赛"业达杯"全国总决赛由中国创新创业大赛组委会办公室指导，山东省工业和信息化厅、烟台市人民政府、中国电子信息产业发展研究院、虚拟现实产业联盟共同主办，烟台经济技术开发区管委会、中国电子报社、国科创新创业投资有限公司、陕西省现代科技创业基金会、烟台创新创业投资有限公司联合承办。

5.3 虚拟现实创新创业前沿企业

谈到虚拟现实技术大部分人都会将目光放在游戏等产业，但如果多加了解会发现很早开始娱乐已涉足虚拟现实。国外最经典的例子就是 Taylor Swift 凭着虚拟现实视频 Unstaged 拿下自己的第一个艾美奖。

浙江卫视在 2018 跨年演唱会上就使用了超惊艳的虚拟现实增强技术，演唱会舞美震撼亮相，令人咋舌的 3D 裸眼技术，充满趣味的 AR 互动，让这座"时间之城"辗转腾挪之间，达到人与舞美的互动，在丰富的想象力中"脑爆"观众。2019 年 7 月，三场没有真人、完全由虚拟艺人担当主角的演唱会来自年轻人文化社区哔哩哔哩（简称"B 站"）主办的大型线下活动 BML VR（BML 全息演唱会），吸引了数以万计的观众。初音未来、洛天依、2233 娘……这些颇受年轻人欢迎的动漫形象像真人一样，在舞台上又唱又跳，还不时与粉丝互动，热闹程度和任何一场"真人秀"演唱会没有差别。这几场演唱会不仅展示了虚拟现实技术的应用空间，更展示出虚拟现实技术在文娱市场的发展机遇。它作为一种新兴的演出形式，演出嘉宾均为二次元的虚拟艺人。不过，这些平时出现在平面上的虚拟艺人通过前沿的虚拟现实技术和全息真实化摄影技术后，可以像真人一样出现在舞台上，并且与观众互动，呈现出充满科幻既视感的演出。以下介绍中国的虚拟现实创业公司。

5.3.1 国内虚拟现实相关企业

2019 虚拟现实产业创新创业大赛由南昌市人民政府、虚拟现实产业联盟共同主办，作为 2019 世界 VR 产业大会的重要单元，将通过搭建产融产用对接平台、挖掘优秀项目、培养创新人才，引导优质资源落地，推动产业集聚发展。本次赛事共有 62 支来自全球各地的团队参赛，涵盖 VR 硬件、AR 硬件、动作捕捉、3D 建模、VR 教育、VR 游戏、VR 工业、AR 应用、VR 周边外设各领域，来自中国各个城市以及德国、韩国的企业。

在激烈的角逐和层层竞选下，12 支队伍成功进入总决赛。具体这些企业情况介绍如下。

1. 北京灵犀微光科技有限公司

灵犀微光成立于 2014 年底，是一家 AR 光学技术公司，推出了两款产品——AW60 光学解决方案，采用 LCOS 像源，1 280×720 HD 分辨率，1.7 mm 镜片，36° 视场角，16 mm 出瞳距；另一款产品为开发套件 Mini-Glass。该套件为双目 AR 眼镜开发套件，可直连计算机或其他计算单元，内置九轴传感器，重量 110 g，视场角 36°。

2. 北京轻威科技有限责任公司（ZVR）

轻威科技成立于 2014 年 11 月，2016 年曾获得千万元以上融资，是一家专注于虚拟现实基础设施研发的科技公司，包括多人空间定位和人机交互产品。

ZVR 自主研发了悟空™ 红外光学动作捕捉系统，可同时支持主动光与被动光的空间定位方式。针对大空间多人交互 VR 解决方案的中间件——临境空间™，可以打通主流

VR 外设和主要的 VR 内容引擎，使用户无须在购买系统时过多考虑内容开发的兼容性。从前期方案规划、中期硬件搭建到后期内容的运维和培训等，针对不同行业对使用场景和人数的需求，为用户提供定制化解决方案。

3. 北京七维视觉科技有限公司

七维视觉科技成立于 2014 年，基于计算机图形图像和计算机视觉，推出了 vibox 实时视频渲染引擎、衍生出实时球员跟踪系统、全媒体演播系统、VR+AR 融合直播解决方案及影视特效预览解决方案。七维科技已为海内外上百家企业在广电媒体融合、企业视频直播、体育赛事、影视拍摄、移动直播、游戏电竞、主播秀场、在线教育等多个领域内提供了产品和内容服务。在南昌世界 VR 产业大会上，七维科技成功成为 2019 中国 VR 50 强企业。

4. DronOSS（德国）

DronOSS 是德国一家 XR 初创公司，其研发了 ARbox 技术，通过该技术，能够将位置等关键的基于位置的数据传输到客户端应用标准的智能设备。

该技术与 DJIPhantom 无人机结合使用，可通过智能手机在现实环境中覆盖 AR 障碍物和结构，使操纵者能够进行各种演练并磨炼其飞行技巧，从而避免飞行碰撞风险。

5. 广州弥德科技有限公司

广州弥德科技是一家专注裸眼虚拟现实技术开发的科技公司，主要产品为 24 寸台式裸眼 3D 显示器弥德 FD2410，其可为 3D 电影、3D 游戏、医疗服务等多个领域提供裸眼立体显示方案。该公司在 2017 年美国国际消费类电子展（CES）中被列为官方推荐的 84 家精选参展商（Featured Exhibitors）之一，并且获得了 Las Vegas 中美创新奖等等奖项。其产品已经应用在学校、展览展示、医疗机构等等场景和领域。

6. 莱钶科技（上海）有限公司

莱钶科技成立于 2019 年，是由"5G+人工智能"产业平台 REALMAX(塔普)及世界五百强意大利智能机器人公司 COMAU（柯马）联合打造的智能机器人企业。RECO 母公司 REALMAX 自主研发的 Realweb 云平台采用 WebAR+5G 技术提供了安全地场景数据服务，内容生态系统的建立让更多人开发者能够使用其 AR 眼镜"Realmax 乾"进行开发。

7. 南昌菱形信息技术有限公司

菱形信息成立于 2014 年 6 月，注册资本 2 005 万元，是一家专注于基于 VR 技术和数据化信息系统软件开发和企业管理咨询服务的公司。其创始人曾任美国 ABB、杜邦公司高级管理职务，擅长数据化系统资讯和设计、企业管理咨询、业务重组、客户服务系统设计等。

8. 平行现实（杭州）科技有限公司

Pareal（平行现实）是一家成立于 2014 年的公司，其专注于研发 AR/VR 显示技术及 AR/VR 眼镜终端产品。公司自主研发并拥有自主知识产权的第二代 NED 技术——极化超短焦显示技术已经应用于其最新款 VR 头显 Pareal VR Glasses。

PurealVR Glasses 是一款厚度仅为 23 mm，重量不足 100 g 的轻薄 VR 显示设备，其屏幕采用 Fast—LCD，拥有 90 Hz 刷新率和双目 3 200×1 600 分辨率以及 1 058 PPI，其独特的光学结构使其视场角达到 90°。

9. 苏州普恩特信息技术有限公司

普恩特信息成立于 2016 年，是一家专注于 VR 技术研发及智能制造领域的以应用拓展为主导方向的企业。其为客户提供个性化解决方案，主要定位于 VR 产业服务机构，业务包含 VR 引擎开发、VR 交互设备开发、VR 内容快速制作、VR 专业云平台及 VR 大空间定位等 VR 技术领域的技术支撑业务。

10. VisualCamp（韩国）

VisualCamp 是一家专注于为 VR 头显开发眼动追踪技术的公司，其技术能使用户在 VR 中通过凝视来输入信号。VisualCamp 的眼动追踪及眼控技术已应用于如市场研究领域、3D 及 VR 市场。其已被 Red Herring 选为亚洲最具创新性的 100 家科技创业公司之一。

11. 尔科宝（天津）科技有限公司

维尔科宝是一家成立于 2015 年 4 月的公司，其用计算机现代科技手段为现实空间和虚拟空间提供融合解决方案，是一家以奥地利国家虚拟现实可视计算研究中心为技术依托，以河北工业大学、南京信息工程大学、杭州电子科技大学等多家高校、研究院所为基地，以产、学、研为一体提供实际应用服务。维尔科宝也是奥地利 VRVis 大中国区唯一代理机构。

12. 厦门汇利伟业科技有限公司

汇利伟业成立于 2014 年 7 月，是一家智能制造 3D 可视化应用供应商。其致力于 VR、三维仿真和大数据的研究及在工业领域的创新应用。公司拥有多项 3D 和 VR 领域的专利及几十项软件著作权。

公司在建材和工业领域已经落地应用，以 Unreal 开发的建材平台客户端，实现了所见即所得的场景体验。在工业领域，VR 虚拟现实结合工业物联网配合汇利伟业开发的"VR 远程多人交互技术"，让异地可以实现立体化交互。

5.3.2 国外虚拟现实相关企业

以下再介绍一些 2019 年值得关注的欧洲 VR 初创公司，它们一直在 VR 领域进行创新，希望在以后能更有所作为。

1. Oxford VR

Oxford VR——这家初创公司正在用 VR 技术革新疗法，用先进的沉浸式技术建立心理疗法。这家初创公司的重点是开发基于 VR 技术的、经过临床验证的、具有成本效益的认知疗法，以应对将对患者、卫生系统和更广泛经济领域产生重大影响的临床情况。使用 VR 和认知行为疗法，患者可以进入他们觉得困难的情境，练习更有益的思维和行为方式，这在面对面的治疗中是不可能做到的。治疗是自动化的，并由一个虚拟教练提供，模拟适应每一种情况。Oxford VR 成立于 2016 年，于 2018 年 9 月筹集了 320 万英镑。

2. 沉浸式 VR 教育

沉浸式 VR 教育——总部位于爱尔兰沃特福德，这家创业公司利用虚拟现实技术通过虚拟现实转变教育和企业培训。其在线虚拟社交学习和演示平台 ENGAGE 提供了一个平台,用于创建、共享和提供专有和第三方 VR 内容,用于教育和企业培训目的。ENGAGE 允许创建任何虚拟环境,如复制真实世界的工作空间或在现实生活中不可能,危险或成本过高的地方,如海洋底部、火星表面、灾区、古罗马、建筑模型、艺术家的 3D 绘画,甚至是进入人体的旅程。该创业公司成立于 2014 年,已筹集了 100 万欧元。

3. Varjo

Varjo——生产工业级 VR / XR 头显,允许从航空航天到建筑领域的专业人士在设计新产品时以人眼分辨率质量虚拟或混合现实工作。该头显可与世界上最流行的 3D 引擎和软件工具集成。与 Magic Leap、HoloLens 和 HTC Vive Pro 等设备不同,Varjo 的产品可用于需要极高精度和视觉准确性的领域,而且该公司已经与空客、奥迪、百合、萨博、塞伦等主要公司合作,大众汽车和沃尔沃汽车公司为各自的业务部门和需求优化头显。该创业公司成立于 2016 年,总部位于赫尔辛基,于 2018 年 10 月筹集了 3 100 万美元的 B 轮融资。

4. HypnoVR

HypnoVR——公司成立于 2016 年,销售其医疗催眠 VR 解决方案,以改善患者疼痛、压力和焦虑的管理。通过使用 Oculus Rift 或三星 Gear 等 VR 头显,HypnoVR 的解决方案让患者体验到强烈的多感官立体沉浸式体验。该技术正用于儿科外科,胃肠病学,妇科和牙科手术。这家位于斯特拉斯堡的创业公司已筹集了 70 万欧元。

5. HEGIAS

HEGIAS——总部位于苏黎世的 proptech 初创公司 HEGIAS 成立于 2017 年底,开发了基于浏览器的虚拟现实 CMS 解决方案,应用于建筑师、建筑公司、房主、经纪人和室内设计师。该创业公司专注于建筑行业,用于防止建筑错误,以及房地产,但计划在不久的将来适用于任何 VR 内容。在 2018 年 8 月在一系列投资者正在进行的 A 轮融资中筹集了 45 万欧元之后,HEGIAS 已拥有超过 90 万欧元的资金。

6. Zenview

Zenview——提供"在新的方面放松",提供"第一个完全 VR 正念解决方案,根据员工和公司的个人需求量身定制",以避免"低生产率,严重的健康问题和倦怠"。 在避免和治疗压力方面,Zenview 每天提供 10 分钟冥想的 VR 处方,"足以减少负面情绪并显著提高整体表现"。每月使用情况报告可让雇主更多地了解员工的使用情况,最常选择的情绪,选择的环境以及员工放松的时间。Zenview 于 2018 年 4 月在卢森堡成立。

7. Svrvive

这是一家基于斯德哥尔摩的开发 VR/AR 游戏的工作室。Svrvive 背后的创意天才是一群自称"沉浸式游戏迷"的人,他们在短短几年时间里就成功出版了三部游戏:《克里斯托赛车》(Krystal Kart)、《卡通》(Kartong)——《硬纸板下的死亡》(Death by Cardboard)!和 SVRVIVE:神的螺旋。所有这些都是沉浸式的冒险,可以在 Steam、Viveport 和 Oculus Home 上购买。这家创业公司成立于 2016 年,已经筹集了大约 150 万美元。

8. Icaros

Icaros——将 VR 带到健身房。Icaros VR 系统再现了赛车等典型动作环境，并与标准的现成 VR 头显和智能手机进行交互，实现基本控制。健身组件是一款专为三轴旋转而设计的全身锻炼机，将用户的体重转移到不同的肌肉群，同时同步用户的飞行、跳水等身体运动 VR 模拟。基本价格为 2 000 欧元，与专业模型可用于安装在健身房。无论是在健身房还是在网上，Icaros 还提供多用户 VR 体验和游戏。这家初创公司总部位于德国马丁里德，成立于 2015 年，已募集资金 350 万美元。

9. YADO-VR

YADO-VR——自称是一家 3D 建模公司。这家初创公司以埃因霍温为基地，部署系统收集和处理激光雷达（光探测和测距）数据。激光雷达三维建模的圣杯是自动驾驶汽车，该公司显然寻求在这个领域发挥作用，并提供解决方案，为"范围和处理对象，如交通标志、灯杆、树木、屋顶和任何其他物体后，经过我们的解决方案的培训"。Yado-VR还提供人群地图、资产管理和游戏框架等解决方案，并在 2016 年 6 月从 TMI 投资公司获得了 10 万美元的种子期融资。

10. Giraffe360

Giraffe360——已经开发了一项技术，可以提供房地产的 3D VR 之旅。自 2016 年首个样机问世以来，这家初创公司开发了世界上最高质量的物业展示技术，提供 2.7 亿像素的分辨率照片。该公司的客户群遍及英国和其他 7 个欧洲国家，包括猎人（Hunters）、约翰•泰勒（John Taylors）和 RE/MAX 等房地产经纪公司。该公司成立于拉脱维亚，在筹集了第一轮 110 万欧元的资金后，将其总部迁至伦敦。

5.4　虚拟现实创新实验室

国内外虚拟现实实验室主要以技术研究创新为主，是虚拟现实创新创业的源头所在，下面将梳理国内外著名的虚拟现实实验室，其中国外 15 家，国内 24 家，包括企业级组织的虚拟现实实验室以及国家级重点实验室。

5.4.1　国内虚拟现实创新实验室

1. 阿里巴巴虚拟现实实验室 GnomeMagicLab

组织方：阿里巴巴。

简介：阿里巴巴宣布成立虚拟现实实验室，并透露将发挥平台优势，同步推动虚拟现实内容培育和硬件孵化。阿里虚拟现实实验室的内部代号为 GMLab，全名为GnomeMagicLab。

研究方向：第一个项目是"造物神"计划，目标是联合商家建立 3D 商品库，加速实现虚拟世界的购物体验。双十一时，阿里曾上线"Buy+"功能，不过截至目前，"Buy+"已下线。

2. 京东虚拟现实、增强现实实验室

组织方：京东。

简介：2016 年 4 月成立。负责人：赵刚，京东集团架构部总监、京东虚拟现实/增强现实实验室技术总负责人、北京航空航天大学通信与信息系统博士。

研究方向：或将结合虚拟试衣技术，做成与淘宝"Buy+"相似的虚拟现实试衣。

3. 京东 PCL 实验室（认知感知实验室）

组织方：京东。

简介：OCR（Optical Character Recognition，光学字符识别）是指将图像上的文字识别成计算机文字的技术。实验室使用的模型主要有两种：进行图像识别的 CNN（Convolutional Neural Network，深度卷积神经网络）和进行语音识别的 RNN（Recurrentneural Network，循环神经网络）。负责人：翁志率，京东集团首席技术顾问、PCL 实验室负责人。

研究方向：京东 PCL 实验室主要研究 DNN（Deep Neural Networks，深层神经网络）技术。

4. 虚拟现实 DreamLab

组织方：网易传媒联合清华大学、AMD 以及网易杭州研究院、网易游戏。

简介：各方联合合力开拓虚拟现实在游戏、娱乐方面的应用。

研究方向：将承担连接平台和虚拟现实内容孵化两方面的功能；寻找新的虚拟现实语言，即符合虚拟现实自身特点和逻辑的报道。

5. 腾讯优图实验室（Tencent You Tu Lab）

组织方：腾讯。

简介：腾讯内部项目，重点关注图像、检测和虚拟现实的应用。

研究方向：人脸检测、五官定位、人脸识别、图像理解等领域。

6. 腾讯 AI Lab

组织方：腾讯。

简介：第一，招聘更多的科学家到 AI Lab；第二，建立基础学科，进行底层研究，不急于做成产品。

研究方向：人脸识别、语音识别、聊天的机器人等很多智能硬件。

7. 麦克斯·别雷克创新实验室

组织方：华为联合莱卡。

简介：该创新实验室位于莱卡总部所在的德国城市韦茨拉尔，其命名来源于德国显微镜先驱、莱卡镜头的发明人麦克斯·别雷克（1886—1949）。别雷克曾为奥斯卡·巴纳克发明的 35 mm 传奇莱卡相机设计了 20 多款镜头。

研究方向：该创新实验室将在新光学系统、计算成像、虚拟现实和增强现实领域开展联合研发。在未来手机成像上，创新实验室的建立将驱动光学系统和图像处理技术的进一步发展，从而广泛地为摄影及移动设备应用提升影像质量。

8. 虚拟现实"觉醒实验室"

组织方：东方光魔影业。

简介：官方透露，"觉醒实验室"将从"故事、现场、互动"三个维度，推出《虚拟现实快报》《V 现场》《400 下》《极限接触》《隐秀》等一系列虚拟现实视频内容。

东方光魔影业联合 3Glasses、灵境虚拟现实、蚁视科技、蛋窝虚拟现实等技术人员。

研究方向：虚拟现实娱乐、游戏、视频应用。

9. 魅族未来实验室

组织方：魅族。

简介：魅族公司内部创新实验室项目。

研究方向：主要研究虚拟现实、增强现实和机器人，虚拟现实项目已经启动。

10. 小米探索实验室

组织方：小米。

简介：小米路由器总经理唐沐和小米联合创始人 KK（黄江吉）。

研究方向：机器人和虚拟现实领域。

11. 虚拟现实实验室（X Lab）

组织方：艺龙。

简介：艺龙以五六人的团队组建了虚拟现实实验室 X Lab，由艺龙负责虚拟现实制作费用，与第三方技术公司合作。

研究方向：虚拟现实娱乐、游戏、视频的开发制作。

12. 可视化交互设计虚拟现实实验室

组织方：武汉纺织大学艺术学院。

简介：武汉纺织大学采购了以 3D、巨幕、人机交互、沉浸式体验、多人参与、教学观摩为特点的虚拟现实系统。由两台 AVANZAWU11 无缝融合而成的巨幕弧长 5.6 m，高度 2 m，可以在 2D 或 3D 的状态间切换。

研究方向：虚拟现实应用研究。

13. G-Magic 虚拟现实实验室

组织方：华东理工大学联合上海曼恒数字技术股份有限公司。

简介：G-MagicPRO 虚拟现实系统是一个大型的可支持多用户的沉浸式虚拟现实显示交互环境，能够为用户提供大范围视野的高分辨率及高质量的立体影像，让虚拟环境完全媲美真实世界，为用户提供虚拟设计、虚拟装配、虚拟展示、虚拟训练等技术服务。

G-MagicPRO 虚拟现实系统包含 4 个类别：G-Powerwall、G-Float、G-Discover 和 G-Cube，用户可根据实际需求，选择合适的系统方案。

适用于高端装备、高等教育、国防军队等领域，同时为超精细画面等比展示、虚拟设计、方案评审、虚拟装配、虚拟实训等交互操作提供应用保障。

研究方向：G-MagicPRO 虚拟现实系统由曼恒数字自主研发的 DVS3D 虚拟现实软件引擎、G-Motion 交互追踪系统、大屏投影显示系统等核心部分组成。

14. 北航虚拟现实国家重点实验室青岛分室

组织方：北京航空航天大学、歌尔集团。

简介：实验室由北航青岛研究院是与歌尔集团合作，下设北航歌尔虚拟现实研究院与北航歌尔无人系统研究院。

研究方向：虚拟现实应用研究。北航虚拟现实技术与系统国家重点实验室，依托北京航空航天大学控制科学与工程、机械工程和计算机科学与技术三个一级学科，通过不同学科方向的合作、交叉，开展虚拟现实基础、应用基础、关键技术方面的原始创新和集成创新。

15. 北航虚拟现实新技术国家重点实验室

组织方：北京航空航天大学四个一级学科——计算机科学与技术、控制科学与工程、机械工程和生物医学工程，联合深圳市易尚展示股份有限公司。

简介：北航虚拟现实实验室下设 5 个研究室：虚拟环境研究室、虚拟仿真研究室、虚拟设计研究室、人机交互研究室、基础理论研究室。

研究方向：虚拟现实中的建模理论与方法；增强现实与人机交互机制；分布式虚拟现实方法与技术；虚拟现实的平台工具与系统。

16. 中国科学院计算技术研究所虚拟现实技术实验室

组织方：中国科学院计算技术研究所。

简介：实验室于 2007 年被中关村管委会认定为"中关村开放实验室"，主要对企业界提供核心技术服务。

研究方向：重点集中于"虚拟人合成"和"虚拟环境交互"。

（1）虚拟人合成包括：三维虚拟人建模技术；人体运动的获取与理解技术；虚拟人运动生成与控制技术。研究这些技术在针对体育训练的数字化人体运动模拟仿真、人群运动战术演练与分析、虚拟环境中智能人体表示与生存、智能人机交互、游戏娱乐等领域中的应用。

（2）虚拟环境交互包括：研究虚拟环境建模、呈现和交互技术；重点研究虚拟环境的快速建模与高效绘制；自然灾害现象模拟与仿真；多种数字媒体融合、增强现实等关键技术。研究这些关键技术在公共安全事件模拟分析、影视产品制作、游戏动漫生成、数字媒体的生成、展示、管理、发布等方面的应用。

17. 北京师范大学虚拟现实与可视化技术研究所

组织方：北京师范大学虚拟现实与可视化技术研究所。

简介：北京师范大学开展虚拟现实与可视化技术研究的基地。

研究方向：虚拟现实理论和可视化技术，在文化遗产数字化保护（V-Heritage）、三维医学与模型检索（V-Medical）、数字化虚拟学习（V-Learning）三个领域的应用研究。

18. 北京理工大学虚拟现实实验室

组织方：北京理工大学信息与电子学部。

简介：北京理工大学开展电子信息与虚拟现实应用研究的基地。

研究方向：增强现实及三维显示方向，已开展对自由曲面光学设计、加工、检测技术的研究。

19. 浙江大学计算机辅助设计与图形学国家重点实验室

组织方：浙江大学计算机辅助设计与图形学国家重点实验室。

简介：浙江大学开展计算机辅助设计与虚拟现实应用的国家级实验室。

研究方向：主要从事计算机辅助设计、计算机图形学的基础理论、算法及相关应用研究。

20. 北京大学虚拟现实视觉实验室

组织方：北京大学智能科学系视觉信息处理研究室。

研究方向：主要研究方法包括图像压缩与编码、图像处理和模式识别、计算机视觉等。主要开展模式识别与生物特征识别的理论与方法以及指纹识别和人脸识别等应用研究。

简介：查红彬，中国人工智能学会机器感知与虚拟现实专业委员会主任。专业方向为计算机视觉、虚拟现实、智能机器人系统，从事三维几何数据解析、环境几何建模、三维物体识别、自律分散机器人系统、移动机器人等方面的研究工作。

21. 西南交通大学虚拟现实与多媒体技术实验室

组织方：西南交通大学虚拟现实与多媒体技术实验室。

简介：其前身是由诸昌铃教授创建的微机应用研究室、虚拟现实中心，现由美国乔治 – 梅森大学（George Mason University）的陈锦雄教授担任实验室主任。

研究方向：主要在虚拟现实技术、可视化技术、图形图像处理、视频压缩与传输、铁路交通信息检测和实时处理、多媒体数据挖掘、智能搜索、计算机视觉等方面开展了研究工作。

22. 山东大学人机交互与虚拟现实研究中心

组织方：山东大学人机交互与虚拟现实研究中心。

简介：山东大学人机交互与虚拟现实研究中心前身为创建于 1981 年的 CAD 教研室，创始人为汪嘉业教授。

研究方向：人机交互与图形学理论及方法、媒体计算、虚拟现实与虚拟样机技术、网格计算、制造业信息化等领域。

23. 宝安虚拟现实实验室

组织方：深圳市虚拟现实产业联合会。

简介：中国科学院普适计算机中心主任陈益强为虚拟现实实验室荣誉主任，纳德光学彭华军博士为主任，Oglass 徐泽明博士、蜗牛窝 CTO 刘华、奇境科技 CTO 刘粤桂、无界 CTO 陈鹏为副主任；确定联合会荣誉会长文钧雷为虚拟现实研究院荣誉院长，瑞立视黄艳博士为院长，Ogalss CTO 王友初、亿道集团创始人石庆、无界首席科学家刘凯、思享空间 CEO 戴伟平、精敏数字董事长刘家麒、蜗牛窝 CEO 王汝平为副院长。

5.4.2 海外虚拟现实创新实验室

1. 虚拟现实联合实验室

组织方：戴尔。

简介：2016 年 11 月 8 日，戴尔在北京举行虚拟现实联合实验室成立仪式暨开发者大赛颁奖典礼，携手慧科教育、医微讯、网龙华渔、五洲传播四家公司。

研究方向：将虚拟现实终端、虚拟现实资源、虚拟现实开发平台、虚拟现实编辑软件等软硬件产品和业务资源，与戴尔提供的硬件设施进行深度融合，为不同行业的合作伙伴提供技术支持。

2. 谷歌虚拟现实探索实验室（Daydream Labs）

组织方：谷歌。

简介：2016 年 5 月 19 日，谷歌首席设计师 Lindsay Metcalf 在 I/O 大会首次提到了 Daydream Labs，这是谷歌 Daydream 平台下的一个探索、实验和分享虚拟现实的实验室平台。

研究方向：专注于虚拟现实体验的提升，覆盖硬件和应用领域，从易用性的角度探索虚拟现实的一切。

首个 Daydream Labs 体验项目为 *Drumset*。这是一个在虚拟空间中的打字游戏。此前谷歌团队尝试使用"激光点"方式让手柄敲击字母，不过存在反馈无力等问题，而最终结果是通过鼓点敲击来使打字更有节奏，并可以帮助掌握输入频率等效果。

3. 通用电气虚拟现实实验室

组织方：通用集团。

简介：2014 年，通用集团便在巴西的研究中心进行了一个虚拟现实体验，还原了通用集团的海底石油开采技术，用户可以戴上 Oculus 头显，坐在一张震动的椅子上体验海底世界。

研究方向：实验室的建立并非对技术进行研究，而是为工作者提供服务，提高工作效率。借助虚拟现实技术，让团队直接从应用中预览开发中的产品，展示 3D 数据组或者 3D 虚拟原型。

4. 三星 Creative Lab（C-Lab）创意实验室

组织方：三星。

简介：三星虚拟现实软硬件设备研究开发基地。

研究方向：包括从智能头盔到 Tamagotchi 等硬件和软件产品。

5. EA 公司寒霜实验室

组织方：美国艺电公司。

简介：EA 在投资简报上宣布成立了一个新团队致力于探索未来的发展趋势，包括虚拟现实、增强现实、深度学习、虚拟现实的虚拟人类。

研究方向：新团队以旗下的游戏引擎命名为寒霜实验室（Frostbite Labs）。而寒霜引擎（Frostbite Engine）是以 EADICE 为著名电子游戏《战地（Battlefield）》系列而设计的一款 3D 游戏引擎，而且索尼 PlayStation VR 的专属虚拟现实体验《星球大战：前线》也同样使用该游戏引擎开发。

寒霜实验室在瑞典首都斯德哥尔摩和加拿大的温哥华均有设立驻点。寒霜实验室研究的其中一个领域是为虚拟现实设备创建虚拟人类。

6. RGLab 实验室

组织方：France Télévisions 法国电视。

简介：在内部测试 360° 虚拟现实技术，提供了 4K 超高清分辨率，测试内容还通过

YouTube 进行了视频回放。

研究方向：高清虚拟现实视频开发。

7. 德国波茨坦普拉特拉学院的人类计算机交互实验室

组织方：德国波茨坦普拉特拉学院。

简介：已开发出 Impacto——一款可穿戴的无线设备，创造"在虚拟现实中击打和被击打的刺激感觉"。

研究方向：虚拟现实交互式感知设备研究开发。

8. Fox Innovation Lab 的创新实验室

组织方：好莱坞影视公司——福斯。

简介：专门研究先进的影像科技，实验室邀请了 Red 摄像机的联合创始人泰德·斯基洛维茨（Ted Schilowitz）掌旗。

研究方向：虚拟现实视频制作、开发。

9. 德国 FhG-IGD 图形研究所和德国计算机技术中心（GMD）

组织方：宜家。

简介：主要针对虚拟现实技术应用于未来系统，先进的可视化、模拟技术和虚拟现实技术实现的途径。

研究方向：主要从事虚拟世界的感知、虚拟环境的控制和显示、机器人远程控制、虚拟现实在空间领域的应用、宇航员的训练、分子结构的模拟研究等。

德国的计算机图形研究所（IGD）测试平台，主要用于评估虚拟现实技术对未来系统和界面的影响，向用户和生产者提供通向先进的可视化、模拟技术和虚拟现实技术的途径。

10. Space10

组织方：宜家。

简介：Space10 是一间未来生活实验室，它是宜家与创意机构 Carla Cammilla Hjort 合作建立的一个未来科技研究与产品展示中心。

研究方向：推出了一款全新的虚拟现实 App，名为 IKEA VR Experience，并且已经支持 HTC 的 Vive 平台。据悉，这款应用程序使用了来自 Epic Games 的 Unreal Engine 4 引擎，可以让 Vive 用户在虚拟现实环境中体验宜家的厨房。用户可以改变橱柜和抽屉的颜色，并且根据成年人或儿童的不同身高体验不同的视角。另外，宜家还提供了 3D 规划工具来帮助消费者设计可视化厨房、储物柜及操作台，显然宜家在新技术的运用方面已经走到了前列。

11. 5G 传输实验室（5G Transport Lab）

组织方：爱立信与瑞典皇家理工学院、瑞典 ICT 研究机构 Acero。

简介：三方将采取创新的合作方法，共同推动网络传输基础设施的进一步发展。

研究方向：目标是开发原型、展示终端设备和网络连接中光纤界面从应用到安装的全自动化过程。在此范围内，实验室第一年将专注于以 DWDM（Dense Wavelength Division Multiplexing）为核心的城域汇聚网解决方案，以及小细胞监测技术的演进，用以解决三大议题：网络灵活性、网络可编程性与网络性能。

12. 京都的先进电子通信研究所（ATR）

组织方：日本京都的先进电子通信研究所。

简介：京都的先进电子通信研究所关于虚拟现实交互应用技术研发基地。

研究方向：正在开发一套系统，它能用图像处理来识别手势和面部表情，并把它们作为系统输入。

13. 东京大学的原岛研究室

简介：东京大学的三维图像识别和虚拟现实应用研究中心。

组织方：东京大学。

研究方向：人类面部表情特征的提取、三维结构的判定和三维形状的表示以及动态图像的提取。

14. 东京大学的广濑研究室

简介：东京大学虚拟现实和仿真交互研究实验室。

组织方：东京大学。

研究方向：重点研究虚拟现实的可视化问题。为了克服当前显示和交互技术的局限性，他们开发了一种虚拟全息系统。他们的成果有一个类似 CAVE 的系统，用 HMD 在建筑群中漫游，制造出飞行仿真器等。

15. 荷兰海牙 TNO 研究所的物理电子实验室（TNO-PEL）

组织方：荷兰海牙 TNO 研究所。

简介：荷兰海牙 TNO 研究所的虚拟现实人机界面仿真实验室。

研究方向：通过改进人机界面来改善现有模拟系统，以使用户完全介入模拟环境。

5.5　虚拟现实前沿与技术孵化

关于虚拟现实技术和未来发展趋势：基于台式机的虚拟现实产品预订势头火爆，市场需求超出预期；移动虚拟现实产品将成为主流，如谷歌 CARdboARd 等；虚拟现实行业在硬件方面正在向"完全在场"转移，未来几年移动虚拟现实将赶超台式机虚拟现实，但普及的关键还在于内容是否具有吸引力。

移动虚拟现实产品主要可以分为三类：第一类是轻量级移动虚拟现实，如谷歌 Cardboard；第二类是基于智能手机的虚拟现实，如三星 Gear VR；第三类是独立式虚拟现实，内置 CPU、GPU 等。

总而言之，虚拟现实领域的创新步伐让人容易联想到 2007 年左右的智能手机市场，虚拟现实市场真正成型还需要几年时间，但其潜力十分巨大。从长期来看，凭借较低的成本和日益提升的用户体验，移动虚拟现实产品将拥有更广阔的市场空间。

"完全在场"也就是让虚拟现实用户感觉自己完全身处虚拟现实世界中。但是当前，没有几个虚拟现实平台能够做到这一点。配上动作控制器和 Lighthouse 追踪系统，HTC Vive 能提供最接近的"完全在场"体验。如果配上 Oculus Touch 手柄，Oculus Rift

的功能也将与 HTC Vive 接近，但 Touch 手柄今年下半年才能上市。移动虚拟现实有许多障碍需要克服，但未来几年也将配备位置追踪系统、动作控制器和更高的帧率。最重要的一点，开发"完全在场"体验的内容需要有适当的故事情节，当前很少虚拟现实厂商能攻克这一难关。

1. 移动虚拟现实的发展

移动虚拟现实的一个发展趋势就是碎片化。三星 Gear VR 的表现超出了预期，但在帧率、电池续航和其他方面还没有达到最佳状态。于是，独立式虚拟现实产品出现，这些产品通常内置 CPU 和 GPU 等硬件。要想成功，一个移动虚拟现实生态系统需要包括以下几方面：

（1）分发：庞大的用户群和一个充满活力的应用商店。

（2）开发者：培育一个健康的市场，开发者可以通过销售软件获利。

（3）API 和 SDK：拥有大量能够确保虚拟现实体验的 API 和 SDK。

增强现实技术在 2019 年实现了创纪录的发展。微软（Microsoft）、亚马逊（Amazon）、苹果（Apple）、Facebook 和谷歌等大型科技公司都在积极推动 AR 商业化进程。预计到 2023 年，移动设备、智能眼镜等 AR 支持产品的用户基数将超过 25 亿。该行业的收入将达到 750 亿美元。增强世界博览会（Augmented World Expo）和消费电子展（Consumer Electronics Show），都展示了大量 AR 行业的最新进展。

苹果公司将 AR 技术带给广大移动用户，并在 2018 年全球开发者大会（WWDC）上发布了 ARKit 2.0，从而巩固了其在 AR 市场的领先地位。在技术方面，其先进技术将移动增强现实与头戴式的增强现实设备结合在一起。除了跟踪、测量和渲染方面的改进之外，他们还通过 ARKit 2.0 实现了 3D 目标检测，这是 ARKit 在移动开发中实际应用的一个重大飞跃。

增强现实可以作为一种新的购物方式，预计 2019 年至少有 1 亿用户将使用支持 AR 的购物技术。增强现实为室内导航提供解决方案。AR 技术最普遍的应用之一是室内导航，2019 年普通消费者首次真正体验到 AR 在该方面的应用。人们已经在户外活动中广泛的使用谷歌和苹果的地图服务，AR 在室内导航方面将会变成一个亮眼的应用。

人工智能推动增强现实的发展，可以将它们与增强现实和混合现实系统结合起来，特别是将其应用于解决计算机视觉方面的问题。此外，人工智能与机器学习方面的知识也将可以帮助创建处理疾病诊断等问题的人机流程。

2. 虚拟现实的目标是"在场"

"在场"（Presence）是一个行业术语，用来描述一种虚拟现实体验，即让大脑认为自己正处于所见到或正在互动的环境或场景中。例如，你不仅仅在观看电影，而是身处电影之中；你不仅仅在玩 2D 或 3D 游戏，而是身处视频游戏之中；你不仅仅是在看走钢丝表演，而是你就在钢丝上行走。"在场"就是让人们感觉到自己正身处虚拟现实世界中，而不仅仅是带着虚拟现实头盔。虚拟现实在做到这一点的同时，还要确保不让用户出现晕动症，这需要虚拟现实设备满足特定的技术规范，无论硬件还是软件。

上述解释听起来可能有些令人费解，这里引述 Oculus 首席科学家迈克尔·亚伯拉什（Michael Abrash）对"在场"的定义："研究人员都知道，戴上虚拟现实设备后，让我们真正身处其中的感觉就叫'在场'。'在场'与沉浸其中也是不同的,后者仅代表你感觉到被虚拟世界中的图像所包围,而'在场'是你感觉到自己正身处这个虚拟世界中。"

上面已经谈到,要实现"完全在场"需要满足诸多核心技术指标,包括硬件层面和软件层面。接下来分析当前主要虚拟现实设备在这些标准上的满足情况,包括位置追踪、显示、镜片质量、校准、触觉和音频等。

1)主要虚拟现实平台在满足"在场"标准方面的对比

基于台式计算机和游戏主机的虚拟现实系统已经为虚拟现实的普及做好了准备,即使内容尚未完全到位;要实现"完全在场"体验,移动虚拟现实还有许多工作要做。要创建"在场"体验,虚拟现实头盔的设计仅占一小部分,扮演更重要角色的是 CPU 和 GPU、追踪系统和软件。下面的图以 HTC Vive 为例,说明各要素之间是如何相互呼应的。

基于前文,HTC Vive 已经满足了提供虚拟现实内容的技术规范,以及支持虚拟现实的台式计算机。这套系统要正常工作,还需要在台式机上安装 Steam 虚拟现实 API,从而将应用软件与硬件连接起来,以确保信号被发送到虚拟现实头盔和控制器上。该系统包含一套 Lighthouse 定位系统,Lighthouse 包含一组固定的 LED 和两个激光发射器。LED每秒闪烁 60 次,而激光发射器会不断发射光线扫描整个房间。虚拟现实头盔和控制器上的传感器能检测到这些闪烁和激光束。当检测到闪烁时,虚拟现实头盔开始像秒表一样计数,直至检测到 LED 传感器捕获激光束。利用激光束照射到 LED 传感上的时间,与传感器位于虚拟现实设备上的位置关系,以数学方法计算出其相对于房间内 Lighthouse系统的精确位置。如果有足够数量的 LED 传感器同时捕捉到激光束,就会形成一个 3D形状,可以追踪虚拟现实头盔的位置和朝向。

HTC Vive 的出众之处在于集令人难以置信的显示、Lighthouse 动作追踪系统以及允许用户在广阔空间内随意移动(而非固定位置)等特性为一体。如果搭配上 Touch 动作控制器,Oculus 也能够支持同样的功能。索尼 PlayStation VR 也支持类似功能,但能力有限。

2)内容需要进一步丰富

当前,能充分利用"完全在场"虚拟现实体验的内容很少。随同 Oculus Rift 免费赠送的两款游戏 *EVE:Valkyrie* 和 *Lucky's Tale* 确实不错,但并未完全将用户置于游戏之中。

在 *EVE:Valkyrie* 游戏中,虽然画面不错,但动作和视觉范围均有一定的限制性。这两款游戏均采用 X-box 控制器,这在某种程度上限制了游戏体验。换言之,它并未充分利用"完全在场"的技术优势。

"在场"并不局限于游戏,还可以应用于其他一系列体验中,如音乐会、健身、商务会议和社交互动等。在上述应用体验中,必须要做到慢速和近距离,以防止出现困扰许多虚拟现实体验的晕动症。"完全在场"虚拟现实体验的最佳应用包括:Oculus Toybox。Facebook CEO 马克·扎克伯格曾称:"这是我最近感受到的最疯狂的 Oculus 体验。"

该应用除了充分利用 Touch 控制器的威力外,Toybox 还支持多玩家模式。在 Toybox平台上,玩家可以相互看到对方。例如,两个用户打乒乓球、使用道具对战、一起放烟花等,所有这些都发生在虚拟现实世界中,很好地展示了精准、自然的虚拟现实输入所带来的快乐。

(1)TiltBrush。TiltBrush 相当于是 Windows"画图"工具的虚拟现实版本,允许用户在 3D 空间内通过控制器来绘画、雕刻。左控制器作为工具选择器，右控制作为画笔，按住手柄后面的按钮拖动，就可以在空中绘画，具体的图形与画笔的形状有关，画面是立体的。TiltBrush 非常直观，方便学习和使用。HTC 表示，HTC Vive 预订用户将免费获赠 TiltBrush。

（2）London Heist（《伦敦劫案》）。London Heist 是专门为 PS4 和 PS VR 开发的第一人称动作射击游戏，充分地利用了 PS 的摄像头和动作控制器。用户可以完全控制自己的身体和手臂，有一种身处动作电影之中的感觉。

3. 虚拟现实面临的挑战

有一些近期和中长期内的挑战，可能影响到虚拟现实的普及。与 2007 年至 2010 年间的智能手机市场相似，开发一个大规模、有活力的虚拟现实开发者社区需要时间。对智能手机而言，直至 2011—2012 年，应用下载量才真正开始腾飞，因此，虚拟现实生态系统同样也需要时间。

虚拟现实当前面临的一些核心挑战主要表现在以下几点：

（1）移动虚拟现实尚未做到"完全在场"。移动虚拟现实在帧率和延迟方面均未达到标准，无法让用户真正沉浸在虚拟现实体验中。此外，还存在电池续航时间有限、缺少动作控制器以及存储空间有限等问题，但这些问题有望在未来几年内得以解决。

在移动虚拟现实市场，Samsung Gear VR 是较先进的虚拟现实系统，参考设计和应用商店已经到位，每秒 60 帧、20 ms 延迟、OLED 屏幕以及许多定制软件，但它并不拥有位置追踪或 3D 音效。Gear VR 适合于观看 360° 视频和一些轻量级的虚拟现实体验，但还不能像台式计算机虚拟现实那样实现"完全在场"。

在 Gear VR 上测试基于 Sixense 动作控制器，对于特定应用，效果与在 Oculus Rift 上的效果相近。因此，在移动虚拟现实上实现"完全在场"只是时间问题。预计未来几年移动虚拟现实体验将飞速提升，多家大型 OME 厂商正在该领域投入大量资源来解决相关问题。此外，竞争也将加快该市场的创新步伐。

（2）台式计算机虚拟现实昂贵，而且仍有一些小的技术问题。台式计算机虚拟现实面临的最大的挑战应该是价格问题。对于消费者而言，首次体验虚拟现实可能需要投入 1 500~2 000 美元，其中还不包括内容购买。

还有一个最大的挑战是内容问题，它们是能吸引用户每日互动的保证。虽然已经有了不少比较"酷"的应用展示，但对于非游戏玩家而言，还没有一款是"必须要拥有的"。

此外，AAA 级内容陷入"鸡和蛋"问题中。当前的虚拟现实内容尚未到位，至少 AAA 级的内容（重量级工作室开发的高质量内容）如此。开发者正在密切关注，哪一款台式机虚拟现实拥有最庞大的用户群，这也是将来他们要投入的平台。"在场"需要以全新的方式来思考游戏开发和其他种类内容的创作。

对于开发者而言，他们不能简单地把 PC 或主机游戏移植到虚拟现实平台上，因为根本没有效果。对于虚拟现实平台，游戏需要拥有较短的对话长度，玩家需要相对静止或缓慢移动，以及其他一些细微差别。在未来数年、数十年，虚拟现实内容将逐步完善。

（3）虚拟现实产业从开放的小社区转为竞争白热化。在过去 20 年间，虚拟现实一直都是一个很小的社区。数十年来，一些群体会共享技术开发、源代码和创意，这是一个非常开放、以目的为驱动的社区。但如今市场出现转变，让一些投资处于危险之中。对于之前对合作持开放态度的厂商，很可能改变主意。

事实证明，这种转变出现在 Facebook 收购 Oculus 之后。当时，微软决定放弃为 Oculus 平台开发"我的世界"。但是《我的世界》已经在 Oculus Rift 和三星 Gear VR 上推出了 VR 版本，后来在 2019 年 5 月再次向微软申请在 Oculus Quest 上推出《我的世界》。另外后来的 Zenimax 和 Oculus 的专利诉讼大战，以及 Oculus 用户能否接入 Steam 虚拟现实等，这一系列企业之间的问题很可能将当前虚拟现实市场的一些大规模投资至于危险境地。之所以提及上述内容，是因为它们可能影响到对该行业的未来预期。

如果谷歌利用其对 OEM 合作伙伴的影响力，要求厂商使用其虚拟现实 SDK 和应用商店，就会影响到 Oculus 的未来增长。如果 Oculus 决定退出硬件市场，向 OEM 提供中间件和应用商店，就会影响到虚拟现实设备出货量预期。还有 Valve 与 HTC 的分分合合协议结束，并面向其他硬件 OEM/ODM 开放，导致 Steam 的忠诚用户停止在 Oculus 上使用 Valve 的内容，这些龙头企业仍在制定和修改整体的虚拟现实战略，希望在这一令人兴奋的新兴市场赢得一席之地。

4. 虚拟现实生态系统获得发展动力

当前虚拟现实尚处于发展的早期阶段。

在台式计算机和游戏主机虚拟现实领域，HTC、Oculus 和索尼是当前的三驾马车。2020 年移动 AR 市场将达到 96 亿美元。各类 AR 应用中社交媒体是最受用户欢迎的品类，占比高达 84%，网上购物排在第二位，占 41%，第三是像 Pokémon GO 这样的 AR 游戏。社交媒体应用程序是移动增强现实用户中最受欢迎的，主要是因为这种应用的互动方式满足了消费者的需求。在未来将有更多家新公司推出中、高端移动虚拟现实产品。

1）各台式计算机和游戏主机虚拟现实系统的优与劣

台式计算机虚拟现实市场与 PC 和游戏主机市场十分相似，率先赢得并继续维系核心目标用户群的企业将在长时间内享有高度的品牌忠诚度。Play Station 拥有 9 000 多万用户（其中 PS4 为 3 500 万），这些用户会有规律地升级到新版本 PS。同样，Steam 拥有超过 1.25 亿活跃用户，成为 PC 游戏玩家的重要品牌社区。

在三大主要虚拟现实系统中，硬件规范基本相似。基于不同的内容、开发者关系和投资能力，每家公司的竞争优势也有所不同。

硬件规范三者的技术参数接近，均能提供"完全在场"体验。

对三大台式机虚拟现实系统的硬件规范进行了对比，区别并不大，其虚拟现实体验也十分接近。凭借易用性和体验质量，感觉 HTCVive 稍微领先。

2）三大台式机虚拟现实硬件规范对比

为提供"完全在场"体验，虚拟现实头盔应该拥有接近 95 Hz 的刷新率、3 ms 的像素响应、110° 可视角度，以及最低 1K×1K 的分辨率。事实上，三款虚拟现实系统的硬件规范十分接近，均能提供"完全在场"体验。

3）内容是早期购买用户的重要决定因素

对于台式机虚拟现实的早期普及，内容至关重要。在购买虚拟现实头盔（600 美元以上）之前，游戏玩家很可能会评估可用的游戏内容。同时，许多 AAA 级游戏开发商正等待各虚拟现实平台的发展情况，以确定针对哪个平台进行开发。三大虚拟现实平台也是结合各自的游戏内容，展开全面竞争。

5. 移动虚拟现实——主流赢家

根据所提供的沉浸式体验级别，当前的移动虚拟现实设备可分为三个子类别：

1）轻量级虚拟现实

主要指没有位置或动作追踪功能的低成本虚拟现实头盔，如谷歌 Cardboard。当前，谷歌 Cardboard 保有量为 500 万部，应用下载量遥遥领先。在轻量级移动虚拟现实市场，Cardboard 处于早期领先地位。但在包括 Mattel、GoggleTech、Homido 和 KnoxLabs 在内的许多 OME 厂商都基于谷歌 Cardboard 的规范（RDS）标准推出了略微高级版本的 Cardboard。

2）基于智能手机的虚拟现实

通过将虚拟现实头盔与智能手机相连接来提供虚拟现实体验，这类设备的技术规范高于之前的轻量级虚拟现实产品。为什么要基于手机端呢？很大的一个原因是便利性：人们普遍都有智能手机，很多手机也已经有合适的传感器提供"足够好的"虚拟现实体验，用户在体验时不必固定在一个地方；而且智能手机几乎无处不在，这可能更容易让消费者去购买一种还鲜为人知的娱乐设备。

Dodocase 在出售的套件可用于基于谷歌纸板头盔 Google Cardboard 组成一个简单的虚拟现实头盔。具体的运作原理是：在智能手机上打开适配虚拟现实的内容，将手机放进 Google Cardboard 的狭槽，然后将 Dodocase 举起在眼前。移动虚拟现实中的高端产品要数 Gear VR，该产品是三星和 Oculus 的合作之作。它兼容三星的 Galaxy Note 4 等系列手机。中端的虚拟现实头盔有光学器件制造商 Zeiss AG 与德国应用工程公司 Innoactive 联手打造的 VR One。它兼容少数几款高端智能手机，该头盔配有 Innoactive 出品的一些应用以及一个"媒体启动器"，后者将整合来自两大应用商店的虚拟现实内容。该公司已经收集了 150 款面向 Android 的虚拟现实应用，以及 30 款面向 iOS 的应用。

3）独立式虚拟现实

独立式虚拟现实头盔通常内置 CPU 和 GPU、Wi-Fi、OLED 屏幕、电池、IMU(惯性传感器)和其他传感器等，因此无须智能手机的支持。这是一个相对高端的移动虚拟现实市场，还有较长一段路要走。AuraVisor 和 ODG 等公司正在打造这样的虚拟现实产品。谷歌和三星也在秘密打造独立式移动虚拟现实。但是都还没有更进一步的产品消息。

市场中还涌现出了很多相对独立的过渡型的 VR 头盔，包括 Oculus Quest、Valve Index 和 HTC Vive Cosmos 等。ValveIndex 是我们一直在等待的颇具未来感的新一代虚拟现实头盔，有非常宽的视野，带有 "Knuckle"控制器可以跟踪每个手指的运动，需要高端显卡支持，但是售价较昂贵；但它也有恼人的地方，就是设置它的过程可能会很麻烦。

Oculus Quest 同样是个不需要智能手机或个人电脑就能获得出色 VR 体验的头盔产品。Oculus Quest 配备一个 OLED 显示面板，每眼分辨率为 1440 x 1600，搭载骁龙处理器。与其他需要额外设备、外部传感器或漫长设置过程的头盔不同，一旦 Oculus Quest 充电，您可以在几分钟内启动并运行，这要归功于 Oculus 移动应用程序中的简单设置。

还有适合控制台玩家的虚拟现实头盔：PlayStation VR。还有索尼的 PlayStation VR

只需要一个 PS4 游戏机控制台就可以运行。

6. 虚拟现实应用案例

在过去的数年，许多第三方应用开发商和内容工作室开始开发新的虚拟现实体验。本章节列举一些有吸引力的虚拟现实应用案例。

1）游戏

当前三家台式机虚拟现实公司 Oculus、HTC 和索尼都准备了大量游戏，许多游戏和内容工作室也已经针对虚拟现实发布了其游戏主题。按平台划分，当前最令人兴奋的虚拟现实游戏包括：

（1）Oculus Rift - EveValkyrie、EdgeofNowhere、Rockband 虚拟现实、Lucky'sTale 和 Chronos。

（2）索尼 PS VR - AceCombat7、RezInfite、LondonHeist 和 GOLEM。

（3）HTC Vive - Elite:Dangerous、FantasticContraption、ArizonaSunshine、JobSimulator 2050 和 BudgetCuts。

2）事件直播

Next VR 等公司已经通过专属算法和 360° 摄像机来提供体育和其他事件的虚拟现实直播，让用户有一种身临其境的感觉，好像自己就在现场。从长期角度讲，事件直播可能成为较有前景的主流虚拟现实应用，但版权等问题仍待解决。不难想象，在虚拟现实方面，事件直播产业将成为一个大赢家，因为当前电视直播的观看体验根本无法与沉浸式虚拟现实体验相提并论。

Next VR 平台可以通过低速宽带(甚至通过手机的数据连接)进行虚拟现实直播，而且正在支持多个虚拟现实平台，包括三星 Gear VR、索尼 PlayStationVR、Oculus Rift 和 HTC Vive。之前 Next VR 已经与 ESPN、FoxSports，以及 NBA 和 NHL 等组织合作对其技术进行了测试。如今，Next VR 又开始测试体育赛事之外的其他事件直播。Next VR 联合创始人戴夫·科勒认为，虚拟现实技术允许体育和娱乐公司引入新的营收模式，如赞助销售、订阅和付费观看等。

3）社交体验

Altspace 虚拟现实等公司正在开发社交虚拟现实应用，允许用户与其他用户通过虚拟现实参与一些有趣的应用。Altspace 虚拟现实允许用户通过虚拟现实与他人聊天，实时分享对方的喜怒哀乐；还可以加入多人游戏中，以及与他人同步观看 Netflix 视频。虚拟现实是一种孤立的体验，而这种社交应用的发展将打破这一论断。

4）虚拟现实商务（V-Commerce）

零售商已开始通过 Sixense 等平台来创建虚拟现实购物体验，提供一种类似于实体展厅的观赏体验，这与传统电子商务所提供的静态照片相比迈出了巨大的一步。这不仅允许消费者虚拟体验任何一款服装或其他消费者产品，还允许零售商捕捉到一些极具价值的信息，如用户试用了哪些产品，倾向于哪种虚拟展示方式等。传统的电子商务展示不允许用户对商品进行触摸和感受，从而导致仅 3% 的低转换率。而通过虚拟现实展示，这种壁垒将被打破。

知名科技 PR 公司 Walker Sands Communications 对 1 400 多名美国消费者进行了调查，

发现虚拟现实和无人机是重塑未来零售行业的两大技术趋势。超过 35% 的消费者表示，如果能使用 Oculus Rift 等虚拟现实头盔对所要购买的商品（如衣服）进行试用，他们愿意在线购买更多商品。66% 的受访者表示，他们对虚拟现实购物感兴趣。63% 的消费者表示，相信虚拟现实会影响他们的未来购物体验。全球电子商务规模高达 1.2 万亿美元，因此即使较低的虚拟现实购物渗透率也是一个巨大的数字。

5）医疗保健

许多公司在医疗保健领域探索虚拟现实的应用潜力。通过创建个性化的虚拟现实体验来模拟现实生活，医生和治疗师正尝试通过这种新疗法来治疗恐惧症和其他疾病患者。例如，美国南加州大学创新技术学院（USCICT）就推出了一种虚拟现实疗法，用于治疗创伤后应激障碍（PTSD）。而伦敦 Virtual Exposure Therapy 公司也利用虚拟现实来治疗恐惧症。

6）健身

虚拟现实在健身领域也大有用武之地。演员、前橄榄球球员特里·克鲁斯拍摄了一段 360° 健身视频，并且还考虑为自己创建虚拟现实内容。此外，VirZOOM 等公司还把健身器材与虚拟现实结合在一起，以提供更有趣的健身体验。例如，VirZOOM 在单车的把手处设置一个控制器，通过线缆与 Oculus Rift、PlayStation VR 或 HTC Vive 等虚拟现实头盔相连接。用户骑得越快，在游戏中的动作也就越快。VirZOOM 已经为这种单车开发了骑马、飞行和驾驶赛车等游戏，VirZOOM 的产品分别有对应 HTC Vive 和 PSVR 两种型号，用户可以在使用健身单车时佩戴 VR 头显，体验一些配合健身动作的内容。VirZOOM 主要通过有氧锻炼这一主题把 VR 带到大众市场。

7）社论式广告和赞助内容

Northface（北面）和 RedBull（红牛）等品牌通过与 Jaunt VR 等公司合作来提供更具吸引力的赞助内容，以传统广告所不具备的全新方式宣传自己的产品。例如，配备 Northface 户外装备的一个小分队正在攀登加州埃尔卡皮坦（ElCapitan）山的视频所带来的宣传效果，远好于 ESPN 上的一段 30 秒的广告。

同样，沃尔沃（Volvo）也开发了一项名为"Volvo Reality"的应用，这是全球首款通过智能手机试驾的虚拟现实应用，旨在推销其 XC90SUV 新车。此外，创作了电影《生命之书》（*The Book of Life*）的动漫工作室 ReelFX 也利用 360° 摄像机拍摄了一段商业广告。当前，全球电视广告开支为 2 000 亿美元。但在许多国家，观看电视的用户数量正在下滑。因此，虚拟现实所赢得的每一分钟广告，都是对电视广告的不小威胁。

8）娱乐和电影

虚拟现实在娱乐和电影市场的发展取得显著进展。多家好莱坞和硅谷公司开始打造高度沉浸式虚拟现实内容与技术，希望能引领虚拟现实娱乐时代的到来。从质量的角度讲，以虚拟现实形式展现电影内容能为观众提供更好的沉浸式体验。对于当前的电影，所能提供的刷新率仅为每秒 24 帧。而虚拟现实设备能提供最低每秒 24 帧的刷新率，因此能提供令人瞠目结舌的现实体验。当前美国年票房收入为 100 亿美元，全球为 400 亿美元，另外还有 250 亿美元的视频点播需求。因此，相信虚拟现实娱乐将开启一个巨大的潜在市场。例如，启迪数字天下（北京）科技文化有限公司（TusDW），是清华启迪控股集团在虚拟现实（VR）、全息现实（HR）行业领域的子公司，并拥有大量全息内容版权，包括：针对儿童市场的"万兽王国"动漫系列，针对传统文化的新京剧《君生我未生》《梨花颂》、歌舞《茶艺秀》《茶圣陆羽》、《山海经》凤凰、麒麟、混沌、貔貅等神兽系列，有针对年轻时尚人群打造的歌舞表演《樱花之歌》《正能量》、二次元歌舞表演等。

9）通信

将来，可能不再使用 Skype、Facetime 或移动消息应用进行"一对一"或"多对多"的通信，而是改用 Alt-Space 这样的虚拟现实通信。这些虚拟现实通信能将文档、图片、视频或其他任何形式的富媒体融入一个群体的"面对面"的私人会议中。当前，这种模式可能还不会为企业带来太多营收，但将来的商业化潜力巨大。

10）培训与教学模拟

对于虚拟现实而言，一个最能带来成本节约、提高互动度的应用案例就是培训与教学模拟。虚拟现实在该领域的应用范围十分广泛，包括虚拟现实军事培训模拟、虚拟现实学生课堂模拟、昂贵设备虚拟现实教学视频，以及运动员虚拟现实训练等。虚拟现实在该领域的机会几乎是无限的，研究数据显示，人们对听到的内容只能记住 20%，对看到的能记住 30%，而对亲身经历或模拟的内容能记住 90%。因此，虚拟现实能显著提升受众群体的记忆力。

此外，还可以利用虚拟现实对橄榄球员进行训练。例如，STRI 虚拟现实 Labs 就利用多台摄像机、从多个角度摄像，制作了一整套现场实境，允许运动员以游戏方式进行实景训练。

STRI 虚拟现实 Labs 已与多支 NFL 队伍以及多所大学签署了合作协议，包括斯坦福大学、阿肯色大学、奥本大学、克莱姆森大学、达特茅斯学院、莱斯大学和范德堡大学等。此外，Disco 虚拟现实 Labs 和 Upload 虚拟现实等公司也在开发沉浸式互动技术，旨在为医学、历史和其他学科提供更具吸引力的教学体验。

11）旅游

疫情之下的 2020 年，旅游业更加需要拥抱虚拟现实。未来旅游领域虚拟现实运用的程度可能达不到美国电影大片"头号玩家"的程度，毕竟电影走在旅游的前面。旅游与电影不同，它是真实世界的镜像，未来的趋势应该是虚拟现实助力旅游真实。在虚拟现实旅游视频中人们不再是只看看静态图片或视频，浏览一些酒店和餐馆的评论，而是能以虚拟方式"实地"考察，如在市场或城市广场上闲庭信步，感受其真实的体验，以及感受其全方位的旅游服务。如今，海滩、丛林、瀑布、金字塔和世界其他奇观都可以通过虚拟现实系统来"实地"体验。例如在北京的 ZANADU 赞那度，通过选择精品酒店来设计和销售拥有创意和完美体验的虚拟现实旅行产品，创造流行的概念旅行与生活方式，成为高端精品旅行社及生活方式的新兴媒体。

在加拿大的不列颠哥伦比亚省（British Columbia），已经允许人们通过 Oculus Rift "实地"游玩几处国家公园。在澳大利亚，澳洲航空已经在其长程航班上部署了虚拟现实体验。此外，澳洲航空还与三星和 Rapid 虚拟现实合作制作一部新虚拟现实电影，允许乘客以 360° 视角感受大堡礁（Great Barrier Reef）和汉密尔顿岛（Hamilton Island）。休闲旅游每年的市场规模高达 1 万亿美元，这些应用案例已经在互联网上全面普及，转移到虚拟现实平台上合情合理。

7. 总结

在互联网高频词中，虚拟现实产业怕是当仁不让的。从智能手机到智能手环，从 3D 电影到 4D 电影，再到智能电视，科技的进步一次次改变了人们的生活和消费。如今人们看待虚拟现实产业，和 20 世纪 50 年代看待计算机是一样的，笔者认为，对虚拟现实运用的预想，如何夸张都不过分，新时代的力量以及新时代到来的速度远远超过人们的想象，当很多人都以为虚拟现实只是商场里那个娱乐休闲的游戏椅时，风靡朋友圈的《头号玩家》让大家对虚拟现实有了更具象的想象。工业和信息化部将组织制定相关政策文件，支持虚拟现实核心关键技术研发以及与其他行业的融合，并加快制定相关标准，促进产业健康发展。

作为新兴技术，没有其他成功经验可借鉴，在这个摸着石头过河的阶段，唯一的办法也就是先试先行，但是若想把虚拟现实产业做大做强，还是要以解决问题、为民服务为导向，秉承"简单易用"的原则才能走得更远，虚拟现实产业不应该是在实验室的产品，所有产品都应该以人为本。5G 时代来临，各项应用将会有更好的平台，将更好地推动、促进虚拟现场虚拟现实产业的发展。

在政府的政策利好的助推下，虚拟现实产业在旅游、消防、教育、医疗等行业已经取得了不俗的进步，虚拟博物馆、消防虚拟现实体验、虚拟现实体验中心、虚拟现实孵化中心等相继推出，同时，各行各业也纷纷推出自己的虚拟现实产品，力求创新，更好地为民服务。不过，还要清醒地认识到，虚拟现实产品，容易受到天气、场地、人员的限制，其硬件搬运不方便，软件更新不及时，成像不清晰，沉浸式程度不够等缺点。

虚拟现实的未来就在眼前。

第 ⑥ 章

虚拟现实训练体验案例

虚拟现实的应用，既改变我们的感知形式，又改变我们与外界的交流方式，同时也将改变我们的思维习惯。因为虚拟现实推翻了自古以来的惯例，而人们做决定和理解现实的基本方式也将受到挑战。

一般来说，虚拟现实设备可分为三类：外接式头戴设备、一体式头戴设备、移动端头显设备。外接式头戴设备，用户体验较好，具备独立屏幕，产品结构复杂，技术含量较高，不过受着数据线的束缚，其无法自由活动，如 HTC Vive、Oculus Rift。一体式头戴设备，产品偏少，无须借助任何输入/输出设备就可以在虚拟的世界里尽情感受 3D 立体感带来的视觉冲击。移动端头显设备结构简单，只要放入手机即可观看，使用方便，如空之翼虚拟现实眼镜。

看不见的软件系统，定位与虚拟现实影像的配合让人有真实感。360°的虚拟仿真环境让用户深深沉浸在虚构的情景里面不能自拔。

虚拟现实是可以创建和体验虚拟世界的计算机仿真系统，它实际上是综合利用计算机图形系统和各种现实及控制等接口设备，利用计算机生成一种模拟环境，通过多源信息融合的交互、三维动态视景和实体行为使用户沉浸到该环境中。

6.1　虚拟现实心理训练——高空救猫

在虚拟现实探险游戏高空救猫项目中，体验者佩戴虚拟现实眼镜和定位设备，结合空间定位技术及虚实结合技术，在高空中完成将猫咪从木板远端救回的探险任务。虚拟现实的关键并不是虚拟现实设备，最关键的东西是在虚拟世界里揪人心的场景和对故事场景的心理体验。

很多人戴上虚拟现实眼镜后，就迈不动脚步了，在实验室的一个木板上发出恐怖的嚎叫，一点点地在木板上往前挪动着；有的实在是不堪压力只得趴下一点点向前爬；好不容易来到了木板尽头，战战兢兢地抱起一只假猫，长叹一口气；有的人还差点摔倒了。

为什么戴上虚拟现实眼镜就一下子不会走路了？其实戴上虚拟现实眼镜后，进入了一个虚拟现实的世界，他们坐上电梯直达 100 多米高的摩天大楼楼顶，电梯门一打开，眼前所呈现的是一块看上去摇晃个不停地木板悬空伸出，在距离地面 100 多米高的空中，然后在木板末端有只小猫等待你冒险走过去解救它。

你明知是虚拟的，只是体验游戏而已，但你从小到大经历的各种感官刺激，已经让你对周遭事物有了本能的反应，这种本能让你觉得"你身处危险环境"（见图 6-1～图 6-4）。

对于体验者本人来说，这无疑是一次令人心惊胆战的营救体验，但是对于旁观者们来说，是看着体验者在一块木板上摆出各种纠结和恐怖的表情，以及全身紧绷的可笑姿态。

虚拟现实游戏可以在确保自身安全的情况下去感受惊险刺激的高空体验。

图　6-1

图　6-2

图　6-3

图 6-4

什么是最真实的体验？不需要端着虚拟机枪打僵尸，而是挑战人性深处对高空的恐惧和面对危险的怯懦。你需要克服自己的恐高症，要面对可能掉下 20 层楼摔得粉身碎骨的危险，在一块伸出高楼的独木桥上，将小猫抱回来。虚拟现实的沉浸感让人觉得这个游戏非常疯狂而且还很恐怖，明知周围是非常安全的平面，却仍然不敢低头看脚下的风光，为了保持平衡东倒西歪；甚至有爱心的体验者玩过之后表示担心小猫会掉下去摔死了。

6.2 动作训练案例——虎豹骑

"虎豹骑"虚拟现实游戏把骑马和砍杀的动作竞技与虚拟现实结合，以写实画面主推"真实战争"的概念，实现更加真实的可穿戴体感战斗方式。通过 3D 版的城楼全景以及士兵雨夜攻城的战斗，借助游戏内的天气系统、铠甲碰撞、物件破坏等表现还原三国历史上的经典战争，让观看者可以 360°观察故事细节，让用户感觉就像回到真正的三国。坐上骑马机拿起手柄，仿佛置身三国战场，亲手完成所有拉弓、挥砍、骑马等动作，体感反馈真实有效。

1. 动作、交互与虚拟现实的配合增加了沉浸感

从体验的视频画面来看，战役中的每一个细节都得到了精致的展现。从砸向城墙飞剑而起的火石，到紧跟冲车步步逼近的士兵，到接连不断从天而降的雨滴，再到积水地面喷溅起的一小撮水花，以及水花弥漫成的水雾……这一切都依托于游戏中强大的沉浸式虚拟天气系统，即便是再小的细节也被表现得淋漓尽致（见图 6-5）。

同时虚拟现实技术可以联合体感外设、人机交互更加完善，让玩家在 3D 世界中真正"砍"起来；如果虚拟现实技术可以联合识别技术，捕捉玩家动作，转化成对应的人物动作，游戏的沉浸感也会提升到另外一个维度。所以在游戏训练里，虽然明明知道是虚拟的，但是面对悬崖还是担心掉下去会粉身碎骨。

在技术方面，大多数虚拟现实设备还不成熟，在使用过程中普遍存在晕眩感，还有对于注重动作和外部交互的游戏来说，虚拟现实技术在一定程度上还无法满足画面与交互的共同需求，这些都十分考验动作捕捉的细节处理与人机交互的流畅性，对设备硬件

性能和软件、算法等方面都还有较大的挖掘空间。

图 6-5

动作训练游戏与虚拟现实设备的结合，未来还有很长一段路要摸索。但能够实现的成功案例无疑是让人激动的，毕竟能通过虚拟设备可以把沉浸感、真实感推向一个新的高度，让训练效果更加完美。

整套的硬件设备（见图 6-6）包括：HTC Vive 系统、骑马机和高性能主机。三大固件配合工作，利用实现位置追踪的游戏控制器，把红外定位器精准收集实时数据上传给游戏系统，在游戏内实时监测骑行状态并且进行数据分析，做出相应体感反馈；通过内置陀螺仪、加速度计和激光定位传感器，实现高精度的动作或者定位追踪。

图 6-6

2．HTC Vive 系统

三大主流虚拟现实设备包括 Oculus Rift、Project Morpheus、HTC Vive。

HTC Vive 是市面上较成熟的虚拟现实设备之一，能完美解决用户观看画面（游戏）过程产生的眩晕感。手柄用于模拟长枪挥动轨迹和切换武器形态等，并有相应的体感反馈，提升用户体验沉浸感。

主要配置：一个头戴式显示器、两个单手持控制器、一个能于空间内同时追踪显示器与控制器的定位系统（Lighthouse）以及各种电源线和 HDMI（High Definition Multimedia Interface，高清晰度多媒体接口）。HDMI 是一种数字化视频/音频接口技术。

HTC Vive 的连接过程：

（1）放置 Lighthouse 就是上面的两个立方体盒子，并使得两个定位器相对，用一根线来连接着两个定位器并接电源。

（2）连接头戴式显示器和计算机主机相连接。

（3）打开 Steam 运行 Steam 虚拟现实，通过手柄来绘制感应区域。

（4）带上头戴式显示器即可玩游戏或开发游戏。

HTC Vive 通过以上三部分给使用者提供沉浸式体验的体感设备，加速度计、陀螺仪（InvenSense 的 6 轴惯性测量单元 MPU-6500）和激光定位当然是有的。为了进行 360°的设备追踪，还有一个专属的 Lighthouse 红外接收器。

控制器定位系统 Lighthouse 采用的是 Valve 的专利，它不需要借助摄像头，而是靠激光和光敏传感器来确定运动物体的位置，也就是说 HTC Vive 允许用户在一定范围内走动。这是它与 Oculus Rift 和 PS 虚拟现实的最大区别。

红外定位器：红外定位器精准收集实时数据，上传系统，游戏内实时监测骑行状态，分析数据。

3．HTC Vive 推荐配置（见图 6-7~图 6-9）

显卡：Nvidia GeForce GTX 970，AMD Radeon R9 290 或更高。

处理器：Intel i5-4590，AMD FX 8350 或更高。

内存：4 GB 或更高。

视频输出：HDMI 1.4，DisplayPort 1.2 或更高版本。

USB 端口：USB 2.0 或更高端口。

操作系统：Windows 7 SP1 或更高版本。

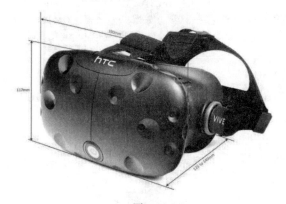

图　6-7

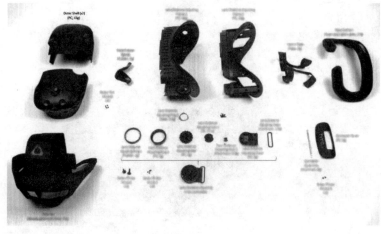

图　6-8

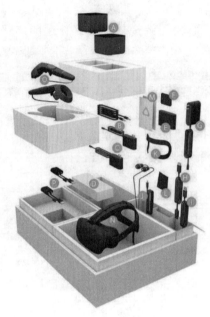

A—基站 × 2；B—同步线；C—基站电源适配器 × 2；D—安装工具包；
E—连接器；F—连接器专用贴片；G—连接器电源适配器；H—HDMI 线缆；
I—USB 线缆；J—耳机；K—棉垫（贴脸）；L—擦拭布；M—说明书；
N—头显；O—控制器（手柄）× 2；P—Micro USB 充电器 × 2

图　6-9

4．手柄介绍（见图 6-10）

常用键：扳机键（Trigger）、圆盘键（Touched）、侧键（Grid）。

菜单键：Application Menu。

不能用代码控制的键：开关键（System）。

闪烁灯状态：

　　　正常工作，绿色；

　　　需充电，红色；

　　　充电中，橙色；

　　　充满电，白色。

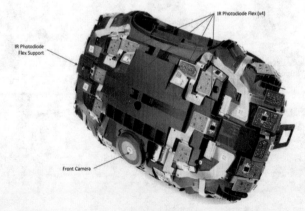

图　6-10

5. 安装说明

按照以下步骤安装：

第一步：数据传输方面，HTC Vive 需要一个 USB 3.0 接口，连接用户的 PC 和转接盒。视频输出方面，选择 HDMI 或者 Mini-DisplayPort。所有连接 PC 和转接盒的线都是灰色的，线材颜色与后者的外壳一致。USB 和 HDMI 连接完成后，插上 12 V 电源线，PC 的连接准备就到此结束（见图 6-11）。

图　6-11

第二步：转接盒与 HTC Vive 本体的连接。这一步用到的三根线材很好认，接头边缘有一圈橙黄色，三根线材分别是 HDMI 线、USB 线和电源线（见图 6-12）。接好之后如果 HTC Vive 的 LED 电源灯变红，那就说明一切正常。

图　6-12

第三步：安装 Lighthouse 基站（又称光塔，见图 6-13），有两个，这可能是最大的难点。首先需要在房间里找到可以安装它们的高处，书架顶端最理想。需要遵循的原则是，两个基站所在的位置可以"看"到房间的大部分区域，而且互相之间没有阻隔。如果第二个条件满足不了，就需要在两台设备之间连上同步线。两个光塔由两个支架搭建。支架高度在两米左右支架位置为斜对角，距离为 6 m 左右。安装光塔时需要把光塔固定在支架上，固定时旋转至固定好为止，然后转动支

图　6-13

架的螺丝圈，调整位置，也就是 HTC 要朝上。然后插入长电源线（2 个），将两个光塔通电。最后通过转动支架螺丝圈把支架调到 2 m 高左右。架好后，用支架直接调整两个光塔，打开开关。如果一切正常，两个都会亮起绿灯。

第四步：控制器（手柄）有两个，安装全部设备之前首先给手柄充电，手柄充电由红灯变黄色说明已充满。手柄最下边 Vive 上边的圆键是电源键（见图 6-14），操作时可以打开手柄电源键，并放到两个光塔中间左右位置的地面上。中间有一个大圆键，按左边是往左走，按右边是往右走，按上边是前，按下边是后。手柄背面有一个扳机，扣动扳机，一般是发射子弹，抓东西，或者相当于 PC 的确定键。充电器（2 个）可以直接插电源给手柄充电，相当于手机充电线，手柄的充电口在 Vive 下顶端。

图　6-14

第五步：硬件的准备已经结束，现在是软件。好消息是这方面可能已经准备得差不多了，因为 Steam 虚拟现实正是建立在 Steam 的基础上的，只要是一个单机玩家，相信不安装 Steam 的也很少。如果之前的步骤没有问题，那么打开 Steam 软件后系统会自动提示用户安装 Steam 虚拟现实。安装完成之后，会在软件界面的右上角看到"虚拟现实"图标，单击进入新世界。

HTC Vive 和 Oculus Rift 不一样的地方是，后者鼓励用户坐着玩，而前者则允许用户在房间里走动，Lighthouse 基站就是负责定位的。因此，在正式开始体验前，用户还需要再设置定位（见图 6-15）。

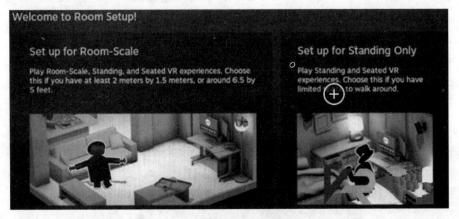

图　6-15

设置的流程简单直观，首先要选择最适合自己的游玩姿态，是在房间里 Room Scale，还是站着玩。如果选择前者，那么就需要进行房间空间校准。只要有 2 m×1.5 m 的空间，那就没问题（见图 6-16 和图 6-17）。

用户需要拿起控制器对准 PC 显示器，然后将它们放在地板上进行平面面积校准。最后，拾起控制器定义游玩空间大小。如果用户不追求非常精确的空间校准，这就可以开始使用虚拟现实。

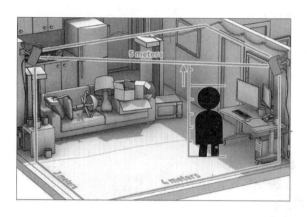

图　6-16

图　6-17

6. 交互手段

软硬件都配置好后，可以借助 DayDream 手柄以及手势识别 LeapMotion 进行虚拟现实的体验和交互了。

操作形式如下：

通过虚拟现实一体机或 PC 虚拟现实提供的交互手段，学生可以完成如物理、化学实验等操作，有更安全、成本低、复制性强、好管理等特点。

虚拟现实实验以交互操作实验形式为主，要求环境为多媒体教室，大空间使用环境；操作形式：利用高精尖的定位追踪系统完成如焊接、喷漆、医疗模拟、化学实验等高精度实训、实验操作等。通过光塔 LightHouse 进行手势识别；设备数量为数台到数十台不等，PC-虚拟现实主机为主或虚拟现实一体机为辅；通过虚拟现实模拟真实场景，提前掌握高精度、高难度、高危险性的实训、实验操作要领。

劣势与缺点体现在以下几方面：

- 过于依赖优质内容，缺少优质的与课堂知识内容匹配的虚拟现实教育内容资源。
- 虚拟现实刚需型、市场需求不如 PC 教学类装备。
- 硬件对于身体、眼睛的伤害构成一定抗拒条件。
- 真实的、有持续使用价值的应用场景（内容是核心）。

- 相对来说可大规模复制。
- 虚拟现实一体机比较适合。

交互、识别设备选择一：9 轴体感手柄（IDEALENS H2）。

每个虚拟现实学习终端配置一台体感手柄（见图 6-18），用于 3D 建模场景中进行互动式实验操作（如拾起、挪动、选中、确定）。

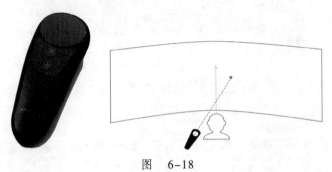

图　6-18

通过陀螺仪感受空间角度变化，创建通过倾斜控制球滚动的迷宫；通过某一平面上角度转动数据，实现平移煎锅效果；射线射中物品交互，结合按键可实现射中并选取等操作。

交互、识别设备选择二：Leap Motion 手势识别（见图 6-19）。

图　6-19

在虚拟现实一体机中内置 Leap Motion 手势识别模块（见图 6-20），可以通过头盔前置的摄像头和红外来识别手势，完成手势交互操作。手势识别交互功能可以通过识别几种指定的手势，完成基于手势的交互模式，如五指手心面向自己打开菜单，食指点击确认，OK 手势完成指定功能生成等。

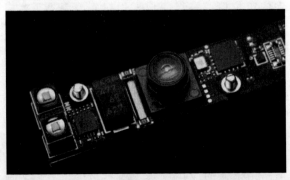

图　6-20

7．骑马机

骑马机用于模拟骑马奔跑的动作。骑马机的振动频率和游戏行进的颠簸频率完全一致，有良好的体验效果。从内容到设备研发完全结合人体力学，画面上考虑人体的视觉状态，将体感特效融入，真实还原游戏场景的奔跑、跳跃。两者的完美结合让体验变得没有眩晕感。

骑马机还可以作为健身马鞍，随着游戏的内容模拟骑马运动，而且强化肌肉力量、提高平衡感觉、增强柔软性，全身关节都会得到充分的转动和伸展。可调节不同的频率、节奏和强度，动力更强，浑厚质感，体验极速快感。虚拟现实+骑马机改变人们的健身方式，为消费者提供全新的、有趣的生活方式，足不出户便可享受户外运动的乐趣，为人们的生活带来切实的帮助和快乐。

8．控制主机

PC 端采用高端 PC 的主流配置，内置高配置游戏主机，独家软件操作系统，后台管理系统，高端数据处理器，确保能够体验流畅的杀敌操作。

另外可以高配客户端控制台，内置高端虚拟游戏主机，与游戏视野同步的画面，让等待的用户也可以感受游戏的刺激，达到完美、真实的动作训练效果。

附录 Ⓐ

第一届中国虚拟现实创新创业大赛

一、大赛介绍

中共中央、国务院颁发《国家创新驱动发展战略纲要》，明确提出发展新一代信息网络技术，加强虚拟现实技术研究和产业发展，增强经济社会发展的信息化基础，推动产业技术体系创新，创造发展新优势。中共中央办公厅、国务院办公厅《关于促进移动互联网健康有序发展的意见》，也明确要求加紧 AI/VR/AR 等关键技术布局，尽快实现部分前沿技术、颠覆性技术在全球率先取得突破。

从 2016 年到 2017 年，国家层面更多的是注重对于关键技术的发展和布局。在技术突破的基础上，再将 VR/AR 和行业应用相结合。据高盛预测，到 2025 年，全球虚拟现实产业将形成 1 820 亿美元的市场规模。预计到 2020 年，中国市场将达 85 亿美元，有望成为全球虚拟现实市场增长中心。

为此，在中国创新创业大赛组委会办公室指导下，中国电子信息产业发展研究院、虚拟现实产业联盟、国科创新创业投资有限公司、共同决定举办首届中国虚拟现实创新创业大赛（以下简称：大赛）。

大赛秉承"政府引导、公益支持、市场机制"的原则，旨在搭建虚拟现实产业共享平台，建立健全虚拟现实标准体系，凝聚社会力量支持虚拟现实领域中小企业和团队创新创业。大赛设立虚拟现实产业投资基金，积极推动虚拟现实技术在文化、娱乐、科研、教育、培训、医疗、航天等领域应用，长期支持我国虚拟现实产业健康有序发展。

二、大赛主题

科技创新 成就未来

VR Future!

三、参赛条件

（一）参赛范围

企业或者团队主营业务须从事虚拟现实 VR（虚拟现实）、AR（增强现实）、MR(混合现实)产业链相关研发、生产、销售等，涉及领域包括但不局限于硬件制造、平台搭建、技术应用、内容开发等。

（二）企业报名要求

（1）企业具有创新能力和高成长潜力，主要从事 VR、AR、MR 产品技术研发、生产制造和应用服务等，拥有知识产权且无产权纠纷。

（2）企业经营规范，社会信誉良好，无不良记录，且为非上市科技型企业。

（3）企业符合国家中小型企业划型标准，且 2016 年销售额不超过 2 亿元人民币。

（三）团队报名要求

（1）在报名时未在国内注册成立企业的、拥有科技创新成果和创业计划的团队（如海外留学回国创业人员、进入创业实施阶段的优秀团队、大学生创业团队等）。

（2）核心团队成员不少于 3 人。

（3）参赛项目的产品、技术及相关专利归属参赛团队，与其他任何单位或个人无产权纠纷。

（4）计划赛后 6 个月内在国内注册成立企业。

四、比赛安排

大赛分区域赛、全国总决赛两个阶段。区域赛通过初评、复赛逐级遴选评出优胜队伍晋级全国总决赛，全国总决赛再通过半决赛、决赛遴选出一二三等奖。

（一）报名参赛

符合参赛条件的企业和团队登录大赛官方网站（网址：http://www.cvriec.com）统一注册报名。报名企业和团队应提交完整报名材料，并对所填信息的准确性和真实性负责。大赛官方网站是报名参赛的唯一渠道，其他报名渠道均无效。坚持公益原则，接受社会监督。不向参赛企业和团队收取任何参赛费用。

大赛组织委员会将联合虚拟现实产业联盟会员单位、各地 VR 孵化器、高校、投资机构、媒体等发布大赛安排和邀请函。同时，向全社会公开征集参赛企业及团队。

报名截止时间：2017 年 11 月 20 日。

（二）区域赛

大赛分为北京、南昌、福州、上海 4 个赛区，区域赛名称为：中国虚拟现实创新创业大赛××赛区。由地方行业主管机构牵头组织实施、负责赛事费用等。区域赛根据大赛秘书处制定的统一评审规则和流程组织。

区域赛区比赛时间：2017 年 11—12 月。

（三）全国总决赛

全国总决赛由大赛组织委员会负责组织，秘书处具体实施。全国总决赛的名称为：中国虚拟现实创新创业大赛·全国总决赛。

全国总决赛的参赛企业和团队由区域赛区优胜企业和团队组成，具体数量根据实际情况而定，一般不低于 50 家企业和团队。

总决赛将产生一等奖 1 名、二等奖 2 名、三等奖 3 名。

全国总决赛比赛时间：2018 年 1 月。

（四）大赛特色

1. 赛事与 VR 推广相结合

各地区域赛在举办赛事同时，充分发挥虚拟现实系统具有沉浸感、交互性和想象力重要特征，在赛场外专设大赛 VR 体验、演示和展示区域，面向公众开放，增加公众的参与度。

2. 赛事与完善标准相结合

赛事评审对参赛企业和团队、技术创新、内容开发、商业模式、市场前景、财务及风险等评判同时，将依据行业标准深度测评，并参照赛事涌现出的新技术、新产品不断完善、充实和丰富行业标准。

3. 赛事与跨行业交流相结合

虚拟现实与制造、教育、文化、健康、商贸等领域的融合发展，是培育产业发展新空间、新模式、新业态的有效途径。大赛期间将举办系列产业融合对接活动，引导和推进"VR+"发展。

五、评审规则

区域赛和全国总决赛均采用现场路演的形式，参赛企业和团队代表以 PPT 和视频等形式做现场陈述，并按现场评委要求进行答辩。评委打分采用百分制，按照技术创新或者商务模式创新、市场前景、财务风险分析、核心团队等四个方面现场打分。

（一）技术及产品创新或者商业模式创新，占 30 分

技术创新包括技术先进性和技术可行性，包括企业和团队所掌握主要技术的创新程度、自主知识产权含量以及技术产业化、商业化路径可行性分析。商业模式创新包括商业模式的市场营销策略、获利方式、发展定位与规划、具体财务的可行性、切实可行的融资方案。

（二）市场前景，占 30 分

主营业务的市场前景分析和竞争优势分析，包括主营业务的市场容量、需求程度、市场定位合理性、目标的合理性以及实现的可能性、产品和服务的竞争优势、技术产品的成熟度、与同类产品的竞争比较、目标市场进入门槛等。

（三）财务及风险分析，占 20 分

财务分析和风险评估，包括对参赛企业财务健康状况、资金保障能力评估，主营业务所面临的市场、技术、财务等风险评估，提出合理可行的规避风险的应对计划。（团队只进行市场、技术等风险评估）

（四）公司团队，占 20 分

核心团队成员介绍以及核心竞争优势，包括团队核心成员的专业水平、教育背景、所承担国家（地区）重大项目情况、获奖情况，团队在公司研发、生产、销售、财务、管理等方面的人才建设，股权结构。

六、服务政策

（1）优秀企业和团队将获得大赛设立的 2 亿元专项创投基金支持。

（2）优秀企业和团队将获得百家投资机构大力支持。

（3）优秀企业和团队将获得地方产业基金、创投基金的支持。

（4）优秀企业和团队将被优先推荐给国家中小企业发展基金设立的子基金、国家科技成果转化引导基金设立的子基金、科技型中小企业创业投资引导基金设立的子基金、中国互联网投资基金等国家级投资基金。

（5）大赛合作单位择优提供融资担保及融资租赁服务。

（6）获奖企业和团队优先入驻当地 VR 产业基地并享受一定的优惠政策。

（7）鼓励地方行业管理部门和创业服务机构给予优秀企业和团队配套政策支持。

七、组织机构

参与单位

指导单位：

中国创新创业大赛组委会办公室

主办单位：

中国电子信息产业发展研究院

虚拟现实产业联盟

国科创新创业投资有限公司

承办单位：

中国电子报社

陕西省现代科技创业基金会

合生创展集团有限公司

分赛区承办单位：

中关村石景山园管理委员会（中关村虚拟现实产业园）

南昌市红谷滩新区管委会

福州市 VR 产业基地项目推进小组办公室

上海张江虚拟现实与人工智能产业协会

协办单位：

中国技术创业协会

中科招商投资管理集团有限公司

中关村虚拟现实产业协会

广东省虚拟现实产业联盟

黑龙江省虚拟现实产业技术创新联盟

深圳市虚拟现实行业协会

深圳市虚拟现实产业联合会

东莞虚拟现实产业联盟

厦门市虚拟与增强现实产业协会

成都市虚拟与增强现实产业协会

天津文创协会 VR/AR 分会

上海虚拟与增强现实产业联盟

上海市物联网行业协会虚拟现实增强现实专业委员会
上海复旦科技园股份有限公司
上海创智空间投资管理集团有限公司
福建新东湖科技园开发有限公司
特别支持:
中国虚拟现实创新创业公益基金
合生创展虚拟现实创新创业公益基金

大赛组织委员会

大赛各主办单位、承办单位、支持单位共同组成大赛组织委员会。

虚拟现实产业联盟理事长　　　赵沁平

科技部火炬中心主任　　　张志宏

工信部电子信息司副司长　　　乔跃山

中国电子信息产业发展研究院副院长　　　王鹏

中国电子报社执行社长　　　刘东

复旦大学城市发展研究院副院长　　　王新军

国科创新创业投资有限公司董事长　　　于波

大赛专家指导委员会

中国工程院院士、虚拟现实技术与系统国家重点实验室主任　　　赵沁平

HTC 董事长　　　王雪红

歌尔股份董事长　　　姜滨

阿里巴巴集团 VR 业务负责人　　　徐昊

网龙网络控股有限公司董事长　　　刘德建

北京软件和信息服务交易所总裁　　　胡才勇

创维集团副总裁、全球研发中心总经理　　　王志国

中国文化产业投资基金管理有限公司总裁　　　陈杭

广发信德投资管理有限公司董事长　　　曾浩

赛迪顾问有限公司总裁　　　孙会峰

清华经管虚拟现实及人工智能产业研究院主任研究员　　　文钧雷

上海创智空间投资管理集团有限公司董事长　　　朱成罴

上海科技大学虚拟视觉中心主任　　　虞晶怡

国科创新创业投资有限公司执行董事　　　苏大威

大赛组织委员会秘书处

秘书长:
中国电子信息产业发展研究院副院长　　　王鹏

执行秘书长:
中国技术创业协会秘书长　　　隋志强

副秘书长:
虚拟现实产业联盟副秘书长　　　胡春民
中国虚拟现实创新创业公益基金管委会执行主任　　　徐斌

附录 B

第二届中国虚拟现实创新创业大赛

一、大赛介绍

根据《国务院关于大力推进大众创业万众创新若干政策措施的意见》（国发〔2015〕32号）和《国务院关于加快构建大众创业万众创新支撑平台的指导意见》（国发〔2015〕53号）的要求，2018年科技部、财政部、教育部、国家网信办和全国工商联共同举办第七届中国创新创业大赛。中共中央、国务院颁发《国家创新驱动发展战略纲要》，明确提出发展新一代信息网络技术，加强虚拟现实技术研究和产业发展，增强经济社会发展的信息化基础，推动产业技术体系创新，创造发展新优势。中共中央办公厅、国务院办公厅《关于促进移动互联网健康有序发展的意见》，也明确要求加紧 AI/VR/AR 等关键技术布局，尽快实现部分前沿技术、颠覆性技术在全球率先取得突破。

虚拟现实技术作为引领全球新一轮产业变革的重要力量，跨界融合了多个领域的技术，是下一代通用性技术平台和下一代互联网入口。近年来，我国虚拟现实市场规模快速扩大，产业创新高速发展。据工信部统计，2017年我国虚拟现实产业市场规模已达160亿元，同比增长 164%。

在中国创新创业大赛组委会办公室指导下，在成功举办"首届中国虚拟现实创新创业大赛"基础上，虚拟现实产业联盟、国科创新创业投资有限公司共同决定举办第二届中国虚拟现实创新创业大赛（以下简称：大赛）。

大赛秉承"政府引导、公益支持、市场机制"的模式，旨在搭建虚拟现实产业共享平台，建立健全虚拟现实标准体系，凝聚社会力量支持虚拟现实领域中小企业和团队创新创业。大赛设立虚拟现实产业投资基金，积极推动虚拟现实技术在文化、娱乐、科研、教育、培训、医疗、航天等领域应用，长期支持我国虚拟现实产业健康有序发展。

二、大赛主题

科技创新 成就未来

三、组织机构

指导单位：中国创新创业大赛组委会办公室
主办单位：虚拟现实产业联盟、国科创新创业投资有限公司

承办单位：中国电子报社、陕西省现代科技创业基金会

分赛区承办单位（待定）：中关村石景山园管理委员会（中关村虚拟现实产业园）、南昌市红谷滩新区管委会、福州市 VR 产业基地项目推进小组办公室、上海、深圳、成都

媒体支持：我爱竞赛网

四、赛程安排

启动仪式：2018 年 8 月 20 日

参赛报名：2018 年 10 月 15 日

区域赛时间：2018 年 10—12 月

总决赛：2019 年 1 月

五、参赛条件

（一）参赛范围

企业或者团队主营业务须从事虚拟现实 VR（虚拟现实）、AR（增强现实）、MR(混合现实)产业链相关研发、生产、销售等，涉及领域包括但不局限于硬件制造、平台搭建、技术应用、内容开发等。

（二）企业报名要求

（1）企业具有创新能力和高成长潜力，主要从事 VR、AR、MR 产品技术研发、生产制造和应用服务等，拥有知识产权且无产权纠纷。

（2）企业经营规范，社会信誉良好，无不良记录，且为非上市科技型企业；

（三）团队报名要求

（1）在报名时未在国内注册成立企业的、拥有科技创新成果和创业计划的团队（如海外留学回国创业人员、进入创业实施阶段的优秀团队、大学生创业团队等）。

（2）核心团队成员不少于 3 人。

（3）参赛项目的产品、技术及相关专利归属参赛团队，与其他任何单位或个人无产权纠纷。

（4）计划赛后 6 个月内在国内注册成立企业。

六、比赛安排

大赛分区域赛、全国总决赛两个阶段。区域赛通过初评、复赛逐级遴选评出优胜队伍晋级全国总决赛，全国总决赛再通过半决赛、决赛遴选出一二三等奖。

（一）报名参赛

符合参赛条件的企业和团队登录大赛官方网站（网址：http://www.CVRIEC.com）统一注册报名。报名企业和团队应提交完整报名材料，并对所填信息的准确性和真实性负责。大赛官方网站是报名参赛的唯一渠道，其他报名渠道均无效。坚持公益原则，接受社会监督。不向参赛企业和团队收取任何参赛费用。 大赛组织委员会将联合虚拟现实产业联盟会员单位、各地 VR 孵化器、高校、投资机构、媒体等发布大赛安排和邀请函。同时，向全社会公开征集参赛企业及团队。

报名截止时间：2018 年 10 月 15 日。

（二）区域赛

大赛分为北京、南昌、福州、上海等赛区（待确认），区域赛名称为：第二届中国虚拟现实创新创业大赛××赛区。由地方行业主管机构牵头组织实施、负责赛事费用等。区域赛根据大赛秘书处制定的统一评审规则和流程组织。

区域赛区比赛时间：2018 年 10—12 月

（三）全国总决赛

全国总决赛由大赛组织委员会负责组织，秘书处具体实施。全国总决赛的名称为：第二届中国虚拟现实创新创业大赛·全国总决赛。

全国总决赛的参赛企业和团队由区域赛区优胜企业和团队组成，具体数量根据实际情况而定，一般不低于 50 家企业和团队。

总决赛将产生一等奖 1 名、二等奖 2 名、三等奖 3 名。

全国总决赛比赛时间：2019 年 1 月

（四）大赛特色

1. 赛事与 VR 推广相结合

各地区域赛在举办赛事同时，充分发挥虚拟现实系统具有沉浸感、交互性和想象力重要特征，在赛场外专设大赛 VR 体验、演示和展示区域，面向公众开放，增加公众的参与度。

2. 赛事与完善标准相结合

赛事评审对参赛企业和团队、技术创新、内容开发、商业模式、市场前景、财务及风险等评判同时，将依据行业标准深度测评，并参照赛事涌现出的新技术、新产品不断完善、充实和丰富行业标准。

3. 赛事与跨行业交流相结合

虚拟现实与制造、教育、文化、健康、商贸等领域的融合发展，是培育产业发展新空间、新模式、新业态的有效途径。大赛期间将举办系列产业融合对接活动，引导和推进"VR+"发展。

七、第二届中国虚拟现实创新创业大赛"易华录杯"北京区域赛暨首届"创想石景山"创新创业大赛获奖名单

一等奖

北京亮亮视野科技有限公司

二等奖

威爱教育

北京蚁视科技有限公司

北京布润科技有限责任公司

三等奖

上海幻坊影视科技有限公司

凌宇科技（北京）有限公司

宁波鸿蚁光电科技有限公司

新浪 VR

视车科技（北京）有限公司

苏州美房云客软件科技股份有限公司

优胜奖

北京阿法龙科技有限公司

北京伟开赛德科技发展有限公司

北京虚实科技有限公司

北京恒达创想科技有限公司

大赛互动

AR 社交 App 团队（隶属北京第一视频科学技术研究院有限公司）

附录 C

2019人民网内容科技创新创业大赛

一、赛事介绍

"内容科技"是人民网在今年7月25日发布《深度融合发展三年规划（纲要）》中提出的全新概念，主要是指对内容产品的供给与消费链条、内容产业的组织与分工模式产生重大影响的人工智能、大数据、区块链、云计算、物联网等新兴技术，以及由这些技术所催生的新业态、新应用、新服务。内容科技的发展将加速内容产业业态重构，催生新的社会化大分工。

人民网举办内容科技创新创业大赛旨在通过比赛形式推动中国内容科技产业的交流与发展，同时，人民网也将在比赛中挖掘、发现和储备一批优质的内容科技项目，特别是对于其中与人民网战略方向协同效应较强的项目，未来将通过投资、孵化和业务对接等方式开展不同形式的合作，进一步完善人民网的业务矩阵和产业布局。

大赛根据实际情况将设置地区赛或主题赛，相关赛事规则以地区赛或主题赛主办方公告为准。

二、组织机构

1. 指导单位

人民网

2. 主办单位

人民网创业投资有限公司

3. 组委会办公室

名誉主任：

叶蓁蓁　人民网党委书记、董事长、总裁

罗　华　人民网党委副书记、总编辑

主　任：

潘　健　人民网党委委员、副总编辑、人民创投执行董事

副　主　任：

段欣毅　人民创投副总经理（主持工作）

陈　键　人民创投总经理助理

秘 书 长：

段欣毅 人民创投副总经理（主持工作）

三、赛程赛制

1．项目分类

商业 A 组（已注册市场主体，且 2018 年营收额高于 5 000 万元的企业）

商业 B 组（已注册市场主体，且 2018 年营收额低于 5 000 万元）

科研项目组（高等学校和科研院所的创新性项目）

2．日程安排

项目征集：2019 年 9 月 19 日—11 月 15 日

初　　赛：2019 年 11 月 21 日—22 日

复　　赛：2019 年 11 月 26—27 日

总 决 赛：2019 年 12 月 14—15 日

创投服务：2019 年 12 月—2020 年 1 月

3．重点征集方向

（1）人工智能与内容生产、风控、分发、运营。

（2）区块链与内容产业升级。

（3）5G、物联网与内容产品产业创新。

（4）内容赋能各行各业的场景与技术应用。

（5）海量内容中的大数据提取与应用。

（6）其他。

4．项目评选

大赛评委将由知名投资人、技术专家、创业导师等组成。参赛项目将从创新性、实用性、核心团队构成、商业模式、技术能力、盈利能力等维度进行评选。

5．奖项设置

大赛将设置一、二、三等奖，获奖项目将获得人民网颁发的奖金、奖杯、证书。总决赛一等奖获奖项目企业将获得价值一百万的人民网广告资源包。

四、报名流程

第一步：关注人民创投公众号（ID：renminct）或访问人民网创投频道（http://capital.people.cn/）。

第二步：打开大赛公告并下载报名表。

第三步：仔细阅读报名须知并按照要求填写报名表。

第四步：将报名表、商业计划书及相关材料发送到 capital@people.cn。

第五步：完成报名。

附录 Ⓓ

第十届全国大学生电子商务 "创新、创意及创业" 挑战赛参赛

　　根据教育部、财政部（教高函〔2010〕13 号）文件精神，全国大学生电子商务"创新、创意及创业"挑战赛（以下简称三创赛）是激发大学生兴趣与潜能，培养大学生创新意识、创意思维、创业能力以及团队协同实战精神的学科性竞赛。三创赛为高等学校落实教育部、财政部《关于实施高等学校本科教学质量与教学改革工程的意见》、开展创新教育和实践教学改革、加强产学研之间联系起到积极示范作用。在前九届"三创赛"获得了大量创新、创意及创业成果的基础上，第十届"三创赛"定于 2019 年 12 月 23 日正式启动。现将有关事项通知如下：

一、第十届"三创赛"时间安排

1. 参赛队报名时间：2019 年 12 月 23 日—2020 年 3 月 31 日。
2. 校级赛注册及备案时间：2019 年 12 月 23 日—2020 年 3 月 31 日。
3. 学校审核时间：2020 年 3 月 1 日—2020 年 4 月 5 日。
4. 校级赛时间：2020 年 4 月 5 日—2020 年 4 月 30 日。
5. 省级赛承办单位申请时间：2019 年 12 月 23 日—2020 年 4 月 5 日。
6. 省级赛时间：2020 年 5 月 1 日—2020 年 6 月 15 日。
7. 全国总决赛时间：2020 年 7 月—8 月。
8. 颁发证书时间：2020 年 7 月 22 日—2020 年 8 月 31 日。

二、主办单位

全国电子商务创新产教联盟、西安交通大学。

三、竞赛组织管理服务单位

　　"三创赛"竞赛组织委员会，作为全国电子商务创新产教联盟执行"三创赛"工作的专门化工作委员会，"三创赛"竞赛组织委员会秘书处设在西安交通大学财经校区教学主楼的电子商务重点实验室内。秘书处下设学校服务部、社会服务部和技术服务部等部门，负责具体工作的开展。

四、大赛题目来源

1. 大赛强调理论与实践相结合，校企合作办大赛，本届大赛主题如下：

三农电子商务、工业电子商务、跨境电子商务、电子商务物流、互联网金融、移动电子商务、旅游电子商务、校园电子商务、其他类电子商务。

2. 参赛队伍应该围绕大赛主题给出具体题目参加竞赛。

3. 欢迎合作企业围绕大赛主题给出具体题目（见官网公布），引导和指导学生参加竞赛。

五、大赛参赛资格和指导原则

1. 凡是经国家教育部批准的普通高等学校的在校大学生，每位选手经本校教务处等机构证明都有资格参赛；高校教师既可以作为指导老师（在学生队中）也可以作为参赛选手（在混合队中做队长或队员）组成师生混合队参赛。

2. 参赛选手有两种组队方式（分两类竞赛）：

（1）学生队：在校大学生作为队长，学生作为队员组队。

（2）混合队：高校教师作为队长，但本队中老师人数不得多于学生人数。

3. 参赛选手每人每年只能参加一个题目的竞赛，一个题目最少 3 个人参加，最多 5 个人参加，其中一位为队长，提倡合理分工，学科交叉，优势结合，可以跨校组队，以队长所在学校为该队报名学校。

4. 一个题目最多可以有两名教师和两名企业界导师指导。

5. 大赛鼓励亲友助赛，一个参赛选手可以提供两名亲友助赛，大赛将采取摇奖的方式邀请部分亲友到现场助赛，进一步吸收社会力量，提高参赛队的参赛水平和获得社会更多的关注及帮助。

6. 大赛鼓励参赛选手：创新思维、创意设计和创业实施。

六、大赛报名方式

第一，承办学校（校赛、省赛）注册：承办学校（校赛、省赛）都必须在官方网站上注册（由承办单位负责人或联系人注册）。承办学校必须将承办申请（校级赛—《校级备案书》；省级赛—《分省级赛承办申请书》）按时在官方网站提交，经大赛竞组委审核通过后方可确认为有效承办单位。

第二，参赛队报名：在确认本校已经注册为承办学校之后，参赛队伍到官方网站（www.3chuang.net）上统一注册（由队长注册），以便规范管理和提供必要的服务。报名时首先选择所在省份及（已经注册并审核通过的）学校并填写参赛队员、指导老师及助赛亲友情况，参赛题目可以在报名时间截止前确定。所有参赛队伍必须由本校"三创赛"承办负责人在官网上对参赛队伍进行审核通过，在报名审核结束之前由本校"三创赛"承办负责人将该校所有参赛团队信息盖章（教务处或校章）扫描发送到组委会邮箱（3chuang@xjtu.edu.cn），大赛秘书处查验通过后才能确认为有效参赛队。

附录

2019世界大学生跨境&社交电商创新创业大赛——"互联网+"国际贸易创新创业大赛

近年来，我国跨境电子商务发展迅速，已经形成了一定的交易规模。而且随着消费者个人消费习惯的改变，伴随着信息技术而成长起来的新一代消费者，正在成为市场主力军之一，电子化、个性化、时尚化等思维特点正在驱动社会及商业领域的发展，社交电商也逐渐占据利点。

举办此次比赛能最大程度的将高校学生的电商知识与电商技能相结合，做到教学、实操并重。将社交电商与跨境电商的含义更好地诠释出来，为跨境电商行业和社交电商行业培养出更多的专业型人才，推动大学生电商素质的提高和完善，响应国家"大众创业、万众创新"的发展热流，带动电商行业经济发展活力。

由中国国际贸易学会主办开展世界大学生跨境&社交电商创新创业大赛——"互联网+"国际贸易创新创业大赛，是为着重培育两大电商方面的专业人才和创业团队，推动电商经济活力，为电商经济发展和外贸行业的发展提供优秀人才。

一、竞赛组织

（一）组织机构

主办单位：中国国际贸易学会

承办单位：宜宾市电子商务产业园（宜宾市创新创业孵化基地）

支持单位：上海敏学信息技术有限公司、宜宾跨境电商研究院、四川阿拉丁电子商务有限公司（Ebay）

（二）组织形式

大赛组委会设在宜宾市电子商务产业园，负责大赛的培训与咨询工作以及比赛的组织、协调和工作落实。

二、竞赛内容与方式

本次竞赛分为跨境电商、社交电商、创业实战和国际组四个赛项。

跨境电商和社交电商两项子赛采用上海敏学跨境电商及社交电商虚拟仿真平台作为竞赛平台，以团队形式进行竞赛；

创业实操赛，由学生自行申请 eBay 账号，操作 5 个月，以销售额及利润多少来决定名次，以团队形式进行竞赛；

国际组，由在校留学生组成，可以选择跨境电商，也可以选择社交电商比赛，两项比赛均由上海敏学公司提供虚拟仿真平台作为竞赛平台，以团队形式进行竞赛。

三、参赛对象与要求

参赛对象：国内外普通高等学校全日制在校本科生及高职、高专院校均可组队报名参赛，大赛分为本科组和高职组两个组别。

参赛要求：

每所学校最多可派出 10 支参赛队，每队由 2~3 名参赛选手和 1~2 位指导教师组成，指导教师与参赛学生必须是参赛队所属高校在职教师、在校学生，参赛高校有责任保证参赛成员身份的真实性。

四、竞赛时间及报名方式

（1）竞赛时间：2019 年 4 月 30 日起，各高校须组织参赛学生通过大赛校内选拔，校内选拔赛模式为基础知识在线考试，参赛院校负责人需提前一周与大赛组委会申请举办校内选拔赛，大赛组委会为各参赛院校设置校内竞赛专用的登录地址和账号。10 月举办全国预赛及部分省赛（具体内容详见省赛通知），12 月举办全国总决赛。

（2）报名方式：各参赛队指导教师提交统一格式的报名表至大赛指定邮箱（邮箱：404193816@qq.com）。同时，加入该通知下方的竞赛群（群号：631587537）。大赛后续相应通知将在群里下发。

五、大赛奖项

本次竞赛分为跨境电商、社交电商、创业实战和国际组四个赛项。

（一）跨境电商创新创业

1. 冠、亚、季军奖

决赛决出冠军（1 组）、亚军（1 组）、季军（1 组），奖金分别为 8 000 元、6 000 元和 4 000 元。

2. 总决赛奖励

设一、二、三等奖，分别约占参赛队总数的 10%、20%、30%。

（二）社交电商创新创业

1. 冠、亚、季军奖

决赛决出为冠军（1 组）、亚军（1 组）、季军（1 组），奖金分别为 8 000 元、6 000 元和 4 000 元。

2. 总决赛奖励

设一、二、三等奖，分别约占参赛队总数的 10%、20%、30%。

（三）创业实战创新创业

1. 冠、亚、季军奖

决赛决出冠军（1组）、亚军（1组）、季军（1组），奖金分别为 8 000 元、6 000 元和 4 000 元。

2. 总决赛奖励

设一、二、三等奖，分别约占参赛队总数的 10%、20%、30%。

（四）国际组电子商务创新创业

1. 冠、亚、季军奖

决赛决出冠军（1组）、亚军（1组）、季军（1组），奖金分别为 8 000 元、6 000 元和 4 000 元。

2. 总决赛奖励

设一、二、三等奖，分别约占参赛队总数的 10%、20%、30%。

六、师资培训

本次大赛师资培训将在宜宾市电子商务产业园举办，具体内容详见师资培训通知。

七、比赛日程安排

1. 报名时间 2019 年 4 月 29 日—2019 年 9 月 30 日止。

2. 主办单位将依报名参赛的校、系次序交叉分组。

3. 2019 年 6 月开设竞赛指定软件练习平台。

4. 2019 年 7 月开始 eBay 创业实操赛，12 月 8 日结束，为期 5 个月。

5. 2019 年 4 月–2019 年 9 月 30 日止竞赛知识赛，统一机考方式进行，由各院校、系自行组织安排，报名请填写指定报名表并发到指定邮箱内。

6. 竞赛教练员（辅导教师）培训，地点：四川省宜宾市。

7. 2019 年 10 月完成部分省赛（远程竞赛）。

8. 2019 年 12 月 10 日为总决赛，现场竞赛。

比赛日程具体安排：

赛事阶段	比赛方式	事 项	日 期	说 明
校内选拔赛	远程竞赛			
全国预赛	远程竞赛	观看竞赛环境		8:00 设置竞赛环境
		正式比赛 （完成速卖通实训平台注册及交易,社交电商完成指定销售企业经营的商品、总季度数、每季度策略数量、市场总量操作）	2019 年 11 月 24 日	9:00～11:00
		公布入围决赛名单	2019 年 11 月 26 日	官网公布
全国决赛	现场竞赛	上半场 （完成阿里巴巴国际站注册及交易,社交电商平台完成指定总季度数、每季度策略数量、市场总量成长速度）	2019 年 12 月 11 日	9:00～11:00

续表

赛事阶段	比赛方式	事　项	日　期	说　明
全国决赛	现场竞赛	下半场 （完成亚马逊平台注册及交易,社交电商平台指定总季度数、每季度策略数量、市场总量成长速度）	2019 年 12 月 11 日	13:30～15:30
		公布决赛比赛成绩	2019 年 12 月 12 日	现场颁奖

八、大赛组委会联系方式

报名地址：宜宾市翠柏大道理想城商务写字楼 6 楼

报名单位：宜宾市电子商务产业园

报名电话：0831-8880111

报名邮箱：404193816@qq.com

附录 Ⓕ

第六届"创青春"中国青年创新创业大赛

各省、自治区、直辖市团委、网信办、工业和信息化及中小企业主管部门、人力资源社会保障厅（局）、农业农村（农牧）厅（局、委）、商务主管部门、扶贫办（局），中央军委政治工作部组织局群团处，全国铁道团委，全国民航团委，中央和国家机关团工委，中央金融团工委，中央企业团工委，新疆生产建设兵团团委、网信办、工信委、人力资源社会保障局、农业农村局、商务局、扶贫办：

为深入学习贯彻习近平新时代中国特色社会主义思想，贯彻党的十九大和中央经济工作会议、中央农村工作会议精神，坚持创新、协调、绿色、开放、共享的发展理念，深化"创青春·中国青年创业行动"，鼓励和支持广大青年走在大众创业、万众创新前列，建功新时代、追梦新征程，共青团中央、中央网信办、工业和信息化部、人力资源社会保障部、农业农村部、商务部、国务院扶贫办决定，共同举办第六届"创青春"中国青年创新创业大赛暨 2019 中国青年创新创业交流会。现将相关事宜通知如下。

一、活动目的

搭建支持青年创新创业的展示交流、导师辅导、投融资对接、项目孵化等服务平台，建设创业导师、创投机构、创业园区、创业孵化器、青年创业者、大学生创业者等服务联盟，促进青年弘扬创业精神、培养创业意识、提升创业能力、提高创业成功率，动员更多青年为推进供给侧结构性改革和经济高质量发展，实施创新驱动发展战略、乡村振兴战略等重大战略，打好三大攻坚战、促进经济持续健康发展和社会大局稳定做贡献。

二、活动主题

青春建功新时代 创业追梦新征程

三、组织单位

1. 主办单位。共青团中央、中央网信办、工业和信息化部、人力资源社会保障部、农业农村部、商务部、国务院扶贫办、山东省人民政府、浙江省人民政府。

2. 承办单位。中国青年创业就业基金会、中国青年企业家协会、中国农村青年致富带头人协会、中国青年创业联盟、KAB 全国推广办公室、共青团山东省委、共青团浙江省委、青岛市人民政府、杭州市人民政府。

3．冠名赞助单位。中国航天科工集团有限公司。

四、组织机构

1．领导小组。活动设立领导小组，由主办单位的负责同志组成。

2．全国组织委员会。活动成立全国组织委员会，领导活动的整体规划和统筹组织，下设秘书处负责日常工作。秘书处设在团中央青年发展部，中国青年创业就业基金会、中国青年企业家协会共同参与。

3．评审委员会。活动成立评审委员会，负责参赛项目的评审工作。评审委员会由创投行业人士、青年创业导师和相关行业专家学者组成。

4．地区赛组织机构。各省（自治区、直辖市）及副省级城市、省会城市、市（地、州、盟）举办地区赛时，应在各地团委牵头下，参照成立相应的组织机构。

五、赛制规则

1．赛事名称。全国活动名称表述为：第六届"创青春"中国青年创新创业大赛暨2019 中国青年创新创业交流会。各级组委会在活动组织中以赛事为主，表述为："创青春"中国青年创新创业大赛。各地可根据自身情况，配套举办创交会。

2．全国赛类别。本届大赛全国赛设商工组、农业农村组、互联网组 3 个类别。（大赛全国赛总体设商工组、农业农村组、互联网组和大学生组 4 个类别。其中，大学生组全国赛每两年举办一届，本届大赛全国赛不设大学生组。）

商工组：重点关注节能环保、信息科技、先进制造、生物医药、新能源、新材料等领域相关产业，强调对实体经济给予重点倾斜。

农业农村组：重点关注先进种植养殖技术、农产品加工及销售、农业社会化服务、乡村旅游等涉农领域相关产业，着重对精准扶贫、精准脱贫攻坚相关项目给予重点倾斜。

互联网组：重点关注移动互联网、互联网设备、共享经济、大数据、人工智能、智慧城市等互联网技术与应用相关产业，及运用互联网手段改造发展传统产业。

3．地区赛赛制。各地可根据情况，将商工组、农业农村组、互联网组整合举办；也可分别举办。

六、赛程安排

1．报名及审核。参赛项目须登录"创青春"APP（附件 4）和网站（http://cqc.casicloud.com/youthCmpe/common/home.do）注册报名。未登录系统报名的不得参加全国赛。

报名系统开放时间：2019 年 5 月 1 日至 8 月 30 日。

2．地区赛。各省（自治区、直辖市）应举办省级赛事；原则上，各副省级城市、省会城市应举办市级赛事；鼓励有条件的市（地、州、盟）及县（市、区、旗）举办相应赛事。全国赛之前，秘书处将根据各地赛事规模及组织情况，进行晋级名额分配。

时间：2019 年 8 月 30 日前完成。

3．全国赛。暂定于 2019 年 10 月，在浙江杭州举办互联网组全国赛，11 月在山东青岛举办商工组、农业农村组全国赛暨 2019 中国青年创新创业交流会（交流会相关通知另行印发）。

七、参赛条件

（一）参赛人员

1. 中国公民。

2. 申报人年龄 35 岁以下（含），年龄划分以 2019 年 6 月 30 日为界。其中由团队申报的参赛项目，团队总人数不多于 5 人，且团队平均年龄不超过 30 周岁（含）。

（二）参赛项目

1. 符合国家法律法规和国家产业政策。

2. 不得侵犯他人知识产权。

3. 具有良好的经济效益、社会效益，经营规范，社会信誉良好。

4. 尚未接受过投资或仅接受过早期投资（种子轮、天使轮或 A 轮投资）。

5. 掌握具有较大投资价值的独特产品、技术或商业模式。

（三）项目分组

商工组、农业农村组、互联网组根据参赛项目所处的创业阶段及企业创办年限（以工商登记为准）不同，分设创新组、初创组、成长组；其中，农业农村组另设电商组。企业创办年限划分以 2019 年 6 月 30 日为界。

1. 创新组为未进行企业登记注册，尚处于商业计划书阶段的创业项目。

2. 初创组为企业登记注册时间不超过 2 年（含）的创业项目。

3. 成长组为企业登记注册时间在 2 至 5 年（含）之间的创业项目。

4. 电商组为企业登记注册时间在 5 年（含）以内的创业项目。

（四）项目申报

1. 未进行企业登记的参赛项目，须提交商业计划书，对市场调研、创业构想、项目发展等有详细介绍；附上专利、获奖、技术等级等省级以上行业主管部门出具的证书或证明；第一申报人须为产品开发、项目设计主要负责人，与相关证书或证明一致。

2. 已进行企业登记的参赛项目，须提交营业执照、税务登记证副本、银行开户许可证复印件等相关文件，项目成长过程或生产流程相关介绍，项目发展构想及阶段性成果等资料；涉及国家限制行业和领域的，需有相关资质证明；第一申报人须为企业法人代表，且所占股份不低于 30%（含）。

八、奖励及激励

全国赛设金奖、银奖、铜奖、优秀奖。获奖项目将获得全国组织委员会颁发的相应等次的奖杯和证书，并获得各主办单位给予的相关优惠政策。

1. 政策支持。在符合中央网信办、工业和信息化部、人力资源社会保障部、农业农村部、商务部、国务院扶贫办等政策要求的条件下，可优先给予相关政策支持。

2. 融资服务。可优先推荐在"中国青年创新创业板"和各地青年创业板挂牌展示或融资，并视情况给予一定额度挂牌补贴；可优先推荐给大赛相关创投机构洽谈融资合作事项。

3. 培育孵化。可申请入驻大赛合作园区，优先享受优惠的创业支持政策和优质的创业孵化服务；可优先推荐导师"一对一"服务；可优先推荐在中国青年信用体系相关平台中接受激励措施。

4. 社会荣誉。可申报"中国青年创业奖""全国农村青年致富带头人"等奖项，在同等条件下予以优先考虑。

5. 会员推荐。可申请加入中国青年创业联盟、中国青年电商联盟会员，可申请加入中国青年企业家协会、中国农村青年创业致富带头人协会会员，予以优先推荐。

6. 展示交流。可优先推荐参加全国大众创业万众创新活动周、世界互联网大会等相关活动。

九、工作要求

各地应根据《"创青春"中国青年创新创业大赛章程（试行）》（附件 1）、《第六届"创青春"中国青年创新创业大赛竞赛规则》（附件 3），设立地区赛事组织机构，按照地方经济社会发展状况和产业导向，细化赛事流程和竞赛规则，积极动员创业青年参赛，遴选、推荐优秀创业项目参加全国赛。各地要增强赛事品牌宣传意识，加大与新闻媒体合作力度，强化新媒体宣传，扩大赛事吸引力和影响力。各地要积极协调党政政策，整合社会资金资源，采取切实有效的举措，帮助青年解决创业过程中遇到的"痛点""难点"。

各省（自治区、直辖市）团委应于 6 月 30 日前，将地区赛事组织方案、赛事细则和宣传方案报至全国大赛组织委员会秘书处。

大赛组委会秘书处

联系人：叶志超 李征然

电　话：010-85212087 85212452（兼传真）

电子信箱：jycygzc@163.com

官方微信微信号：创青春